教科書裡的瘋狂實驗

漫畫化學

國家圖書館出版品預行編目資料

漫畫化學：教科書裡的瘋狂實驗／崔元鎬作；
姜俊求繪；邱敏瑤譯. -- 三版. -- 臺北市：
五南圖書出版股份有限公司, 2022.07
　　面；　公分
ISBN 978-626-317-972-1(平裝)
1.CST: 化學實驗 2.CST: 漫畫
347　　　　　　　　　　　111009449

ZC17

教科書裡的瘋狂實驗：漫畫化學

作　　　者 ― 崔元鎬（최원호）

譯　　　者 ― 邱敏瑤

繪　　　圖 ― 姜俊求（강준구）

發 行 人 ― 楊榮川

總 經 理 ― 楊士清

總 編 輯 ― 楊秀麗

主　　　編 ― 高至廷

圖文編輯 ― 陳敬婷

責任編輯 ― 張維文

美術編輯 ― 林鈺怡

出 版 者 ― 五南圖書出版股份有限公司

地　　　址：106臺北市大安區和平東路二段339號4樓

電　　　話：(02)2705-5066　　傳　　真：(02)2706-6100

網　　　址：https://www.wunan.com.tw

電子郵件：wunan@wunan.com.tw

劃撥帳號：01068953

戶　　　名：五南圖書出版股份有限公司

法律顧問　林勝安律師事務所　林勝安律師

出版日期　2011年11月初版一刷
　　　　　2019年 5 月二版一刷
　　　　　2022年 5 月二版八刷
　　　　　2022年 7 月三版一刷
　　　　　2022年 8 月三版二刷

定　　　價　新臺幣320元

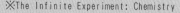

教科書裡的瘋狂實驗

漫畫化學

文 崔元鎬｜圖 姜俊求｜譯 邱敏瑤

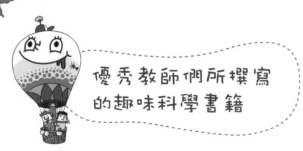

　　執筆於此系列生物篇的林赫老師，不只在促進科學大眾化活動方面投入心力，也是一位指導學生有佳的好老師。我們的研究團隊進行科學教師專門性研究，曾經拜託林老師給予我們觀摩他上課情形的機會。事實上，讓別人觀摩自己上課並不是一件容易的事，所以當初拜託時特別小心，而林老師也很欣快地就答應了我們的請求。

　　林赫老師認為上課時引起學生的興趣跟理解是非常重要的，並且一邊與學生們熱烈互動，同時也注意他們的反應。上課時學生們積極的參與及激烈的討論，不但非常有活力也很有秩序。對於先前已觀摩了許多科學教授課程的我們來說，林老師的講課使我們產生了各式各樣的想法。

　　看著這次老師執筆的新作，覺得這本書完整地反映出老師對學生的用心。學生們對新奇的主題有興趣且對於有興趣的問題會主動去解決，可誘發學生們學習的內在動機。但是不論主題有多麼新奇，如果內容超出了學生所能理解的範圍之外，學生很難對該主題保有持續的興趣。這本書使用了學生所熟悉的漫畫來呈現，讓學生們可以很容易理解問題，且增添了許多對理解有幫助的圖案來吸引學生的興趣。除了那些部分

之外，在每階段會依據學生理解的程度，提出學生可能會產生困惑的內容。我們認為這是老師利用多年來指導學生的經驗及能力所得來的成果。

事實上，以兒童或青少年為對象的科學漫畫或圖畫書近幾年十分常見。學校裡學的科學遭受既生澀又無趣的批判時有所聞，此書在提高學生的興趣且與學生們互動方面做出了許多考量。但並非利用漫畫或圖畫來表現，就一定能讓所有學生感到簡單且有趣。再者，即使以活動、圖畫及漫畫等有趣的方式來呈現內容，能否忠實解釋科學現象、是否確實對學生的理解有幫助也值得疑慮。

然而，這套叢書採用漫畫及圖案編排，並非單純只為引起學生的興趣，或是為了掩飾無趣的內容說明才使用這方式。本書的漫畫及圖案除了當作說明的功用之外還包含其他用途。在每個主題中所呈現的詼諧漫畫，是學生們透過想像力所進行的實驗或活動，在激發學生好奇心的同時也促使他們提出許多跟特定現象有關的問題。

這套叢書與其他書籍最大的不同，它是以漫畫來刺激學生想像力！還有，在前一

階段提示的疑問，都會讓學生在下個階段的單元裡得到解答。也就是說，學生們看了瘋狂實驗漫畫單元之後持有疑問，在「老師，我有問題！」單元則有扼要的說明以解答，這裡看到的問題當然不應該是撰文的教師們教條式的問題，而應該真的是「學生的問題」，這一點極其重要。這個部分我認為應該是只有了解學生內心世界的優秀教師，才做得到的吧！

　接著下一階段則是和理論相關的實驗活動用漫畫形式呈現，讓學生們可以試著親手做實驗。在這裡，可以預想前面所學的理論會以何種現象實際出現，透過實驗的操作進行確認，以求理論與實驗能互相呼應。最後的「背景知識」，是說明和主題相關的日常生活中的科學現象，有助於增加學生理解的廣度與深度。

　如同《教科書裡的瘋狂實驗》這系列叢書的名稱，此書跟在學校裡所學的科學有密切的關係。舉個例子來說，跟教科書相比，這本書除了利用圖片、漫畫、文字等多樣的形式之外，也利用在學校自然課中被認為重要且再三強調的實驗活動來與理論相

互應。而書中多樣化的內容補充足以滿足學生的好奇心，相信一定能提升學生對科學的興趣及理解程度，衷心向所有學生推薦此套叢書。

——金姬伯（김희백）（首爾大學師範學院生物教育系教授）

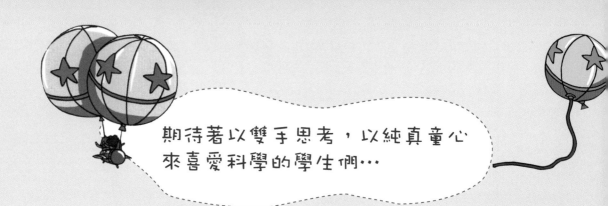

期待著以雙手思考，以純真童心
來喜愛科學的學生們…

從事多年的教職生活，在心中一隅總有個未知的遺憾及欲望刺激著筆者。而這種感觸在女校裡任教時感受更大。筆者在心中留下的遺憾及欲望是指無法將自己所體認到的科學趣味跟必要性充分地傳達給學生這件事。緊湊的學校課程及為了追趕每年緊迫盯人的考試進度，是筆者的能力無法解決的現實面難題。

但出版社 *sumbisori* 讓我得到如降甘霖令人喜悅的提議。而那時就是接到「讓我們一起寫本能讓學生了解科學趣味及本質的書吧！」的提案的那一瞬間。因此將這好消息告訴了「新奇科學教師團體」（신나는 과학을 만드는 사람들）研究會員中，曾一起活動且跟筆者一樣懷有相似夢想的三位老師。他們欣然答應了這件不簡單的事，且為了要做出好書不辭辛勞的努力到最後。朴英熙（박영희）、楊恩熙（양은희）及崔元皓（최원호）老師的功勞這書才得以出版。

科學是和人類生活共同誕生的，對人類生活有很大的影響。因為這樣，科學存在著許許多多的故事。例如，學生們愛看的電影或者日常生活，當中也隱藏著科學，若要舉例是多到數不盡的。而本書出版的目的，就是去找出那些隱藏的科學，讓一些不喜歡科學的學生們能夠摒除對科學的偏見，並走進科學。在這套叢書中，有些看似誇張甚至瘋狂的實驗，卻是能夠激發想像力的有趣實驗，目的也是要讓學生能對「科

學」引發好奇心。

　　包括筆者在內的四位老師，都是教職經歷豐富的老師。所以在展現學生們喜歡且感興趣的主題時，都很清楚會發生什麼事。「預想」可說是科學的本質，除了預想，還有觀察、解釋，這些過程之中隱藏的真正趣味，應該就是被科學的華麗與神奇吸引而想用眼睛和耳朵去注意的態度吧。所以這套書籍提示了實際的實驗與理論，希望學生們可以嚐到科學本質的滋味。而且也企盼能藉此補充學校教育課程的不足。我們應用了在學校多年教育學生的經驗，讓初次接觸實驗與理論的孩子們能夠看到有趣且容易的科學解說。使得學生們在閱讀這套書籍時，可以輕易就看懂有深度的科學知識。

　　克勞福特・霍奇金（도로시 호지킨 Dorothy Mary Crowfoot Hodgkin）在獲得諾貝爾化學獎之後，接受BBC電視台訪問時，曾說道：「我對自己從來沒有什麼野心，我只是喜歡在這個特定的領域工作。我是沉浸實驗的實驗主義者，是個以雙手思考，以純真的童心來喜愛科學的人。我從未想過會有偉大的發現。」

　　這套叢書亦如霍奇金夫人所言，是希望能讓更多的孩子以雙手思考，以純真的童心來喜愛科學。

　　最後感謝給予這套叢書出版機會的出版社社長，以及即使過了截稿時間也寬容予

以鼓勵的總編輯，感謝兩位。還有，對於漫畫組人員詼諧精采的畫風也致以謝意。最
重要的，要感謝三位老師及其家人協助老師們撥冗專心執筆，真心表達我深深的謝
意。——

——作者代表，林赫（임혁）

夢想當科學家的漫畫家

　　小時候偶爾在學校實驗室裡試做的科學實驗，總是令人感到神奇不已。曾幾何時，我們班男生有超過半數的志願，都說要當「科學家」。想像科學家穿著白袍，在實驗室裡製造拯救地球的機器人，還有出動機器人去打倒惡勢力、維護社會正義與安定，我們當時就是想當這樣的科學家。可是透過教科書學到的科學並不有趣，而漸漸地，我對科學失去了興趣。或許是因為這樣，我才無法成為科學家吧！

　　不知從什麼時候開始，我將科學歸為無趣的東西，雖然有此偏見，但我知道科學並非困難的學問，在我們周遭發生的事物都不難發現科學，如果整理並且發現法則，過程應該會是十分有趣的。所以我們試著將科學的四個科目（物理、化學、生物、地球科學）的主要理論與法則，繪畫出了瘋狂實驗漫畫。因為我們認為，用漫畫畫出來的瘋狂實驗說不定可以引發出真正的科學實驗。

　　我們漫畫製作組人員這次作畫，是用小時候夢想成為科學家的心情，透過瘋狂實驗，畫出了曾經想像過的一些好玩的內容。目的是希望看了我們漫畫的所有讀者能更加接近科學，進而了解科學的樂趣。

——青江漫畫工作室

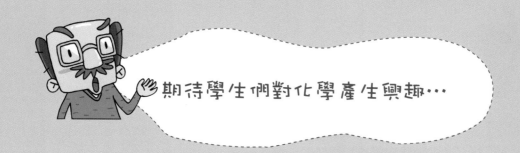

期待學生們對化學產生興趣…

　　閱讀此書的各位學生們，大家所生活的這個世界是一個尊敬擁有專業知識者的社會。所謂的專業知識者就是專家，是指在某個領域之中擁有專業知識的人。專家不僅需通曉學術理論，更應將無數的知識加以組織整理，並且發揮、應用，具備這樣的能力才可稱為專家。在臺灣，有許多都是受到世界肯定的傑出科學家，他們在自己的研究領域裡想出獨創構想，以構想為基礎而造就出許許多多的成果，不僅對臺灣，對於全世界也有很大的貢獻，使得人類的生活更加豐富，這些科學家們在該領域備受肯定。

　　全世界現在都在競爭著，誰能夠先想出更好與更優秀的科學構思，誰就是勝者。會這樣是因為獨創性的構思所創造出來的許多科學物品能讓人類的生活更加豐富，同時也能使該國家變得富裕。

　　許多科學家們在資源不足的情況下，完全是靠他們不斷貢獻己力，孜孜不倦的研究精神，才能造就現今社會科學躍進迅速的榮景。一個國家的科學水準往往與國家的未來息息相關，可見奠定科學基礎十分重要。各位聰明活潑的學生們，大家以後都是要帶領國家走向未來的主人翁，筆者非常期待大家能夠更加喜歡科學、更努力學習科學知識。本書出版的目的，即希望學生們能了解生活之中的科學知識，培養對科學的興趣並且努力學習。

　　期許閱讀本書的莘莘學子們，在數十年後成為帶領國家走向未來的優秀科學家。

化學目次

★〈瘋狂實驗〉撰文的老師們

我是梁銀姬
(양은희)！

我是任赫
(임혁)

我是朴榮姬
(박영희)

我是崔元鎬
(최원호)！

物理　梁銀姬老師

畢業於韓國梨花女子大學的科學教育與物理學系，曾經任教於首爾月谷國中與首爾上新國中，擔任科學教師。目前在首爾延曙國中擔任科學教師。在學校致力教導學生思考生活中的科學與前瞻未來，透過實驗來了解科學的原理。著有《和比爾叔叔一起做實驗》(合譯)、科學雜誌《科學少年》的實驗問答單元、《聲音在動》等書。目前為〈新奇科學教師團體〉的研究會員，〈新奇科學教師團體〉是一個為了追求新奇科學、正確科學、全民科學，以科學大眾化與科學教育發展為目的的教師團體。

生物　任赫老師

畢業於韓國首爾大學的師範學院生物教育科，以及該科研究所畢業，在國中任教18年，擔任科學教師。目前任職於首爾大學的師範學院附屬女子國中。期許能夠教導學生有趣活潑的科學課程，並且努力實現於實際教學。著有《生活中的原理科學—DNA是什麼》、《生活中的原理科學—大腦的重要》、《生活中的原理科學—人體的小宇宙》(Greatbooks出版)，並著有高中生物教科書《生物Ⅰ，Ⅱ》(共同著書)，編著《走向教室的愛因斯坦》(共同編著)、《人體柔和的齒輪》等書。目前為〈新奇科學教師團體〉的研究會員。

地球科學　朴榮姬老師

畢業於韓國首爾大學的地球科學教育學系，在國中任教16年，擔任科學教師。目前任職於首爾大旺國中。一向致力開發科學教育的活化課程，在教育學生時力求所有學生都能有趣且簡單學習科學教育，指導過眾多科學班、科學資優班、發明班、科學社團等活動。目前為〈新奇科學教師團體〉的研究會員。

化學　崔元鎬老師

畢業於韓國首爾大學的師範學院化學教育科，以及該科研究所碩博士畢業，在高中任教10年，擔任化學教師。目前任職於韓國教育課程評量院，努力使學生學習的科學能再更有趣而且有益。編著《喝甜甜的水》、《混和協調的化合物》、《萬物的圖像—元素》，著有《Who am I?》(共同著書)、《小小烏龜見到的大海》、《熱呼呼的熱移動》以及新世代高中科學教科書《化學》(共同著書)。目前為〈新奇科學教師團體〉的研究會員，特別期望喜愛科學的學生們可以透過科學社團的活動，以熱忱來探求科學的神奇。

★ 〈瘋狂實驗〉繪圖的老師們

 物理　張惠鉉老師

2005年畢業於韓國青江文化產業學院的漫畫創作科，之後進到青江漫畫工作室開始從事漫畫的工作。2006年參與製作了天才教育優等生漫畫全科、6年級的科學漫畫、3年級的社會漫畫。此外，於各大媒體發表過許多插畫與繪圖。也在青江漫畫歷史博物館的第五屆企劃展〈漫畫加展〉中發表過數位漫畫，並參與『我們漫畫年代』所主辦的漫畫之日企劃展〈漫畫的發現展〉。曾擔任城南Savezone商場的漫畫教室講師，教授國小、國中、高中生學習漫畫。

 生物　鄭喆老師

1998年開始在漫畫雜誌〈OZ〉連載漫畫，成為漫畫家。之後在〈朝鮮日報〉、〈Woongjin熊津Uni-i〉、〈Woongjin熊津思考小子〉等報章雜誌連載漫畫。單行本則有〈eden〉（新漫畫書出版）、〈青兒青兒睜開眼〉（青年史出版）、〈哇啊！漢字畫出了風景畫耶！〉（Booki出版），出版了多種漫畫與童話書。而且也參與製作電影〈鬼來了〉的開場動畫。目前在兒童通識漫畫雜誌〈鯨魚說〉連載『工具的歷史』單元，於青江文化產業學院教授『漫畫演出』的課程。在〈生物篇〉擔任製作監督與代表作家，其他工作人員分別是：白得俊負責架構與畫筆作業，黃永燦負責描圖，李富熙負責著色。

 地球科學
李兌勳老師

2006年畢業於韓國青江文化產業學院的漫畫創作科，之後進到青江漫畫工作室開始從事漫畫的工作。2006年參與製作了天才教育的教科書漫畫5年級篇，並且參與〈小星星王子的金融旅行〉的描圖與後半部的作業。2007年於CGWave公司開發肖像產品，進行了李舜臣、張保皋、王建等韓國偉人的肖像繪圖作業。

 羅演慶老師

2006年畢業於韓國青江文化產業學院的漫畫創作科，之後進到青江漫畫工作室開始從事漫畫的工作。在Daum主辦的徵畫大展以〈勞動者的口罩〉獲選為佳作，2005年青江漫畫歷史博物館的第五屆企劃展〈漫畫加展〉中發表過數位漫畫，並參與『我們漫畫年代』所主辦的漫畫之日企劃展〈漫畫的發現展〉。2006年參與製作了天才教育的教科書漫畫〈5年級社會〉篇，三成出版社的寫真編輯漫畫〈朱蒙〉擔任繪圖人員。

 化學　姜俊求老師

2004年畢業於韓國青江文化產業學院的漫畫創作科，之後進到青江漫畫工作室開始從事漫畫的工作。發表的作品包括〈青少年的科學漫畫〉（bookshill出版）、〈漫畫十二生肖故事〉（geobugi books預計出版）等書，並參與製作了天才教育的教科書漫畫。此外，曾在韓國經濟電視、Science all、一百度C等各媒體發表插畫。

青江漫畫工作室，是由青江文化產業學院的漫畫創作科的教授與畢業生所組成，是一個漫畫企劃與創作的專業工作室。曾經製作過天才教育的教科書漫畫、三成出版社的寫真漫畫、與geobugi books共同企劃的漫畫雜誌書出刊、bookshill出版社的教科書漫畫、遊戲漫畫等，參與過各種繪圖作業，並且企劃與製作各種作品。
（詢問：enterani@ck.ac.kr）

☆〈瘋狂實驗〉的小單元

教科書教育課程

標示出該主題所對應的教科書課程，能夠實際輔助學校課業的內容。

瘋狂實驗漫畫

這是假想出來的幽默瘋狂的實驗，可以激發對於該課程的好奇心。

這種假想出來的內容，等於是種觸媒的角色，以觸發兒童或青少年產生好奇心與想像。越是有趣無厘頭，越能觸發想像。所以，且讓我們和孩子們一起隨意想像出實驗吧。

理論

概念整理內心裡的好奇心。

瘋狂漫畫令人引發好奇心之後，心裡頭有了千奇百怪的想法，這時最需要概念整理或透過重要理論來統整，以解答好奇心。科學理論並非死背，而是可令人滿足好奇心的精采內容。

·筆記超人
將理論由繁入簡，羅列整理，有助於理解理論。

·這只是常識而已～
日常生活之中看起來理所當然的小事，存在著許多的科學知識。

教學實驗室

理解理論之後，就可以進行教科書中的實驗，成為實驗家。
在瘋狂實驗漫畫單元雖然就能大略推想出理論，但是透過教學實驗室，可以更加快速理解該理論，更具體應用理論。

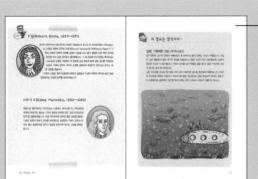

生活中的知識

不像『科學』的有趣背景知識
科學的兩個重點是實驗和理論，用實驗與理論去理解內容後，再加以補充日常生活中大大小小的科學知識，增加科學本身的趣味性。

·**老師，我有問題！**
對於該主題的理論，孩子們常會提出各種千奇百怪的疑點，在此單元可以輕鬆得到解答。

·**大家聽我說**
藉由介紹科學家來解釋該主題理論的相關說明。

好想吃超級大巧克力派啊～

哎呀！

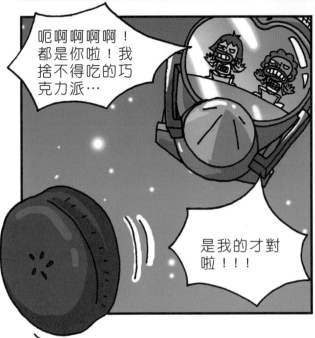

呃啊啊啊啊！都是你啦！我捨不得吃的巧克力派…

是我的才對啦！！！

咦？

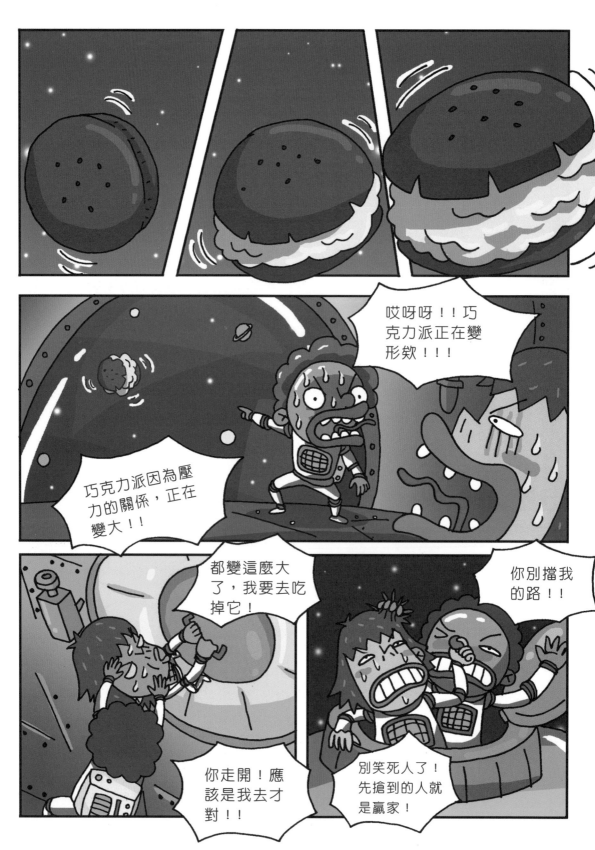

被擠壓而承受的壓力

　　在一定的空間裡，氣體分子會往所有的方向自由運動，所以氣體分子會向容器壁擠壓，給予壓力。這時候，一定面積所作用的力就稱為該氣體的壓力。壓力是施予力量大小除以受力面積所得到的數值（壓力＝施予的力量／面積）。壓力的單位是N/m^2，稱之為帕斯卡（Pa）。

　　1Pa = 1 N/m^2

 ## 氣體膨脹縮小的波以耳定律

　　波以耳定律是西元1622年英國的波以耳（Robert Boyle）透過實驗發現的定理，他發現一定量的氣體在一定溫度下，從外部對容器裡的氣體施加壓力，氣體的體積與施加的壓力成反比。

　　在一定溫度下，固定的氣體分子數量裝在某容器裡的時候，如果將氣體的體積減少一半，則氣體分子可以移動的空間會減少一半，所以擠壓固定面積的氣體分子就會變成兩倍的數量，壓力也會變成兩倍。相反地，從外部對容器裡的氣體施加的壓力如果越減少，則體積越增加。

　　因為在一定溫度下對容器裡的氣體施加壓力，氣體的體積與施加的壓力會成反比，所以，壓力與體積相乘所得的積為定值。然而，並非所有氣體都適用波以耳定律，但是「氣體的體積與壓力成反比」這是不變的事實。

為什麼聽不到聲音呢？

聲音是一種波動，而波動是透過介質才能夠被傳到其他地方。因此，在沒有介質的空間裡，聲音就會無法被傳播。例如在真空罐裡放入手機，當我們用抽氣棒慢慢把罐中的空氣抽掉，並且打這支手機電話，這時候我們就會聽到罐中的手機鈴聲隨著壓力的減少而越來越小聲。為了不讓聲音震動桌子，必須在真空罐底下放一塊不會傳達震動的軟布。

23

拉起中間的手把，再壓下去，如此反覆幾次，就能夠抽出罐內的空氣。所以這種容器被稱為真空罐。

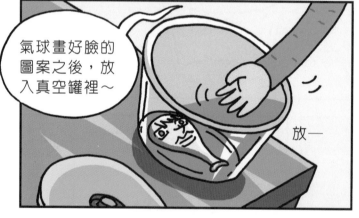

氣球畫好臉的圖案之後，放入真空罐裡～

放一

這麼做，會有什麼變化嗎？

抽拉

抽拉

蓋上蓋子，用抽氣棒來減少罐內的空氣壓力。

抽拉～

抽拉～

抽拉～

抽拉～

哇！變大了！！

哎呀呀呀！看它的臉！博士，這是什麼原理呢？

啊哈～原來如此

由於氣球的內部與外部都有空氣，因此構成空氣的分子會自由的運動，碰撞氣球的內外表面。這時如果將真空罐裡的空氣抽出來，包圍在氣球外的空氣壓力就會減低，所以氣球內的空氣壓力會相對增大。若使用巧克力派來做這個實驗也會產生類似的結果，因為巧克力派裡的內餡有一些細小的小孔，小孔裡充滿空氣，所以當真空罐裡的壓力減少時，小孔裡的空氣壓力相對增大，因此，巧克力派會整個膨脹起來。

波以耳（Robert Boyle, 1627~1691）

波以耳是英國的化學家，同時也是一位物理學家，他出生於愛爾蘭的曼斯特的利斯摩爾堡。當波以耳得知他的科學家朋友理查．唐雷（Richard townley）以及亨利．帕爾（Henry Power）在氣體的體積與壓力的相關實驗結果，便認為或許再更進一步進行實驗說不定會發現什麼樣的定理，當時，他的助理虎克（Robert Hooke）研發出這項實驗必須使用到的裝備—真空幫浦，協助波以耳正確測出氣體的壓力與體積的關係，才得以制定出波以耳定律。

有了虎克的協助，波以耳在西元1662年發表此一定律，也就是氣體的壓力與體積的乘積為一定值。

馬略特（Edme Mariotte, 1620~1684）

法國的物理學家馬略特，出生於法國的迪戎城，他在西元1676年發表了有別於波以耳定律的「波以耳—馬略特定律」，同樣也是和氣體的壓力與體積相關的定律，但是「波以耳—馬略特定律」的實驗數據更加明確，且敘述比波以耳更為完整。他明確指出，一定量的氣體其壓力與體積的乘積如果要成為一個定值，必須在一定的溫度下才可以。

這只是常識而已～

壓力不只是氣體才有！

就如同在空氣中氣體的壓力，在水中，也有水的壓力—水壓。水壓是從所有方向以同樣強度的力量在作用的，當水深每增加10公尺，就會增加1公斤重的水壓。所以，將充滿空氣的一顆球拿到深海中，因為水壓的增加，球就會被擠壓變小。

在深海之中行進的潛水艇，當它潛的深度越深時，作用在潛水艇的巨大水壓越可能會讓潛水艇被擠壓變形。因此，為了防止潛水艇被擠壓變形，都會做成圓形或橢圓形，而且潛水艇的鋼板厚度達200～350 mm左右。

2. 液體的蒸發

各種液體的性質

可以消除熱的水

呵呵～太好了！水放在很冷的地方會變成固體～

把身體用水潑濕了之後，讓它結冰，這樣身體就會繼續很涼爽～

涼颼颼

像這樣把水澆在身體上

然後進去冰箱的話…

沖 嘩啦～

熱～

熱～

冷颼颼～

開門一

呵…果然是天才啊…。

哇哈哈哈哈哈～跟想像中的一樣涼爽呢。再加上身上形成冰柱，不用另外帶著水就可以繼續前進了，想喝水的時候隨時直接從身上拿下來吃就可以啦！！

冰柱

雖然這麼想著，但在此時大熱天的情況下，不到30分鐘，冰塊全部變成水，而後再度變成氣體不見了……

呃…我為什麼這麼衰？嗚～～快累死了。

應該直接叫神燈精靈送我回家才對啊！剛才因為很熱又口渴，所以才沒想到這一點。

壓！

呃啊啊啊～神燈精靈啊～快點出來再給我一個願望吧……。

蒸發是一種發生在液體表面，且由液體形成氣體的現象。另外，在液體內部的氣體發生劇烈汽化的現象則稱為沸騰。

　　水分蒸發的情況會隨著空氣中的氣體狀態而改變，若空氣中水蒸氣的量很少，蒸發的現象會更為明顯。還有，當已經達到很難繼續蒸發的情況，也就是空氣中的水蒸氣量很多的時候，此時我們會將空氣中水蒸氣的壓力，稱為已經達到了飽和水蒸氣壓。蒸發是經常發生的自然現象，在海水、湖泊、河流、沙地等，只要是有水存在的所有地方都會發生。

　　物質具有固體、液體、氣體三種形態，可以在這些形態之間變來變去。若將液體加熱使溫度升高，便能增加液體中小分子活動的能量，使其產生劇烈的活動，此種液體變成氣體時的現象稱為汽化，例如當水蒸發或沸騰時，就是屬於汽化現象。

　　液體變成固體狀態的現象稱為凝固，通常需要把熱度降低才能發生。凝固現象產生的時候，液體中小分子的活動會變得緩慢，水變成冰塊時，就是屬於凝固現象。

　　固體沒有經過液化狀態，就直接變為氣態的現象稱為昇華。例如：在乾燥又寒冷的冬天，在外面曬洗好的衣服，一開始衣服會先結凍，但是被和煦的太陽光照射之後，結凍的那些冰並不會融化成為液體的水，反而是直接變為水蒸氣跑掉了，而衣服也就曬乾了。此外，在寒冷的天氣裡，每天早上起床之後，可以看見窗戶上面會有結霜的痕跡，這是因為空氣中的水蒸氣由於寒冷而直接變成了固態。這便是氣體不經液體狀態而直接轉變為固體的例子，稱之為凝華。

　　固體變成液體狀態的現象稱為融化，例如冰在常溫時變成為水。另外一個詞「溶化」是指溶解的意思，不同於此。

　　炎熱的夏季，如果在桌子上面擺一杯裝了冰水的杯子，空氣中的水蒸氣碰到了杯子的低溫，會在杯子的表面結成小水珠，這個就是氣體變成液體的現象，稱為液化。

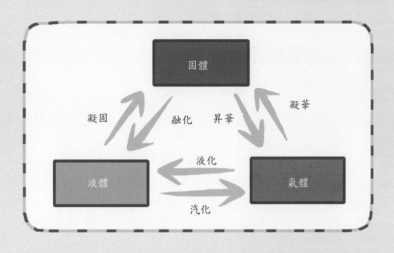

教學實驗室　水蒸發比一比

今天我們來做個蒸發的實驗吧！

蒸發的實驗？

先確定液體成為氣體之後，能重新再成為液體的實驗。

這種事情不可能會發生吧！

呵呵呵～為了要證明這個事實，所以才做這個實驗的呀！

首先準備兩個透明的玻璃杯，並用麥克筆劃線標示。

將水倒入杯子中，不要超過標示線。

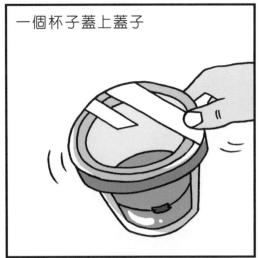

一個杯子蓋上蓋子

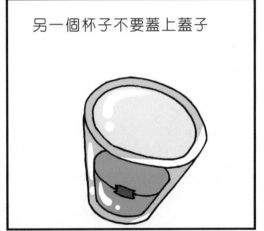

另一個杯子不要蓋上蓋子

擺在溫暖的窗戶旁邊就可以了。

我們來確認到底會變成什麼樣子。

咦？高度不一樣了！有蓋蓋子的那一杯沒有改變高度！

哈哈哈哈，很好奇吧？

為什麼會這樣呢？

啊哈～原來如此

　　　水分子們一直都在運動著，但因液態水其表面水分子間的引力有點微弱，所以表面的水分子會分離而成為氣體狀態，此現象稱為蒸發現象。我們可以發現沒有加杯蓋的水其蒸發的現象很活躍，水量有明顯的減少現象。而如果是有加杯蓋的水，因為可以擴散的空間被上蓋給限制住了，因此蒸發成為氣體的水分會再重新回到液體狀態，杯中的水量變化就不會很大。若是處在溫度更高的環境中，水分子們的運動會更加快速，如此一來，會使未加杯蓋的水蒸發得更快。

可以隨心所欲改變濕度嗎？

在看天氣預報的時候常常會聽到濕度這幾個字。濕度就是空氣中水蒸氣的飽和程度，在天氣預報中會使用的專業用語是相對濕度。相對濕度是指一定溫度下，空氣中水蒸氣含量與空氣中所能容納最大水蒸氣量的百分比。然而，飽和水蒸氣量會像下面的圖表一樣，隨著溫度的增加而改變，所以說，即使空氣中的水蒸氣維持在一定的量，也會隨著溫度變化而有不同的相對濕度。

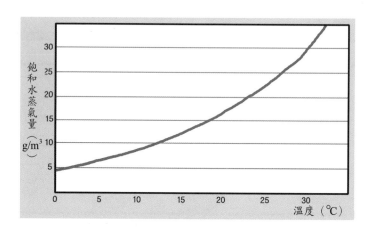

如果現在的溫度是0℃的冬天，大氣中的飽和水蒸氣量是10g/m³，這個時候空氣中的水蒸氣量若是3g/m³的話，那麼空氣中的相對濕度就是30%。若在0℃相對溼度30%的房間裡，便知道空氣中有3g/m³的水存在。假設房間內的長度是2m、寬度是2.5m、高度是2m，房間內的體積為10m³，那麼在房間裡面的水蒸氣量就是30g。把這些水蒸氣都換成水來看的話，大概就是30ml左右，裝在紙杯中，就是半杯左右的水而已。

冬天常有靜電現象的產生，這是由於冬天的相對濕度僅為30%左右，靜電則是要在相對濕度60%的環境內才會完全沒有，然而是否可以把相對濕度從30%提升到60%呢？

想要提升30%的相對濕度是可以做到的，只要用半個紙杯的水量，利用加濕機，使其汽化，釋放到空氣中，瞬間空氣中的相對濕度就會提高了。

這只是常識而已～

未拿去清洗的水果表面為何出現小水珠呢？

在炎熱的夏天裡，從冰箱把冰涼的西瓜或是水蜜桃拿出來，一家人圍坐在一起要開始吃的時候，就會發現水果的表面有許多小小的水珠凝聚形成，也因此會造成拿著水果的手或裝水果的盤子弄得濕答答的。

為什麼剛從冰箱拿出來的水果表面會有小水珠呢？

地球上的水有三種不同的存在形態：固體的冰、液體的水以及氣體的水蒸氣。水在溫度比較低的時候會以固體的形態存在，而溫度比較高的時候，則會以氣體的形態存在。

空氣中有著以氣體形態存在的水蒸氣，當水蒸氣遇到了比較冷的西瓜表面，熱能降低，就會在水果的表面凝結成小水珠，而這樣的情況就稱為是液化現象。

西瓜放在比較熱的環境，表面就會有小水珠凝結呢～

在我們生活周遭找找看，何處有蒸發現象？

■ 利用乾衣機把衣服烘乾
■ 利用烘碗機把餐具烘乾
■ 利用吹風機把頭髮吹乾
■ 在鹽田裡面把鹽曬乾
■ 利用太陽光把魷魚以及辣椒曬乾

筆記超人

不需使用油輪，就能運送原油？

哇！
好大的船！

爸，這船是做
什麼用的呢？

那是運送原油
的油輪。

啊！用油當燃料
來運送原油嗎？

這麼一來，可以節省運送時的燃料，

我呢，會成為全國的英雄！

發明王

少年英雄

嘿 嘿

這根本是行不通的！！

咦？

為什麼行不通？

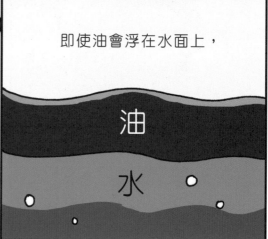

即使油會浮在水面上，

油

水

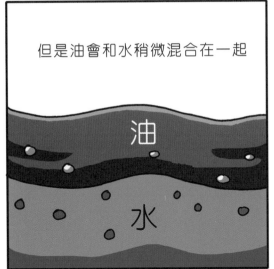

但是油會和水稍微混合在一起

油

水

所以，運送過來的原油成分會不純⋯。

而且這麼長的浮標萬一有地方斷掉，原油會不斷外洩⋯。

⋯⋯

哼！我還是發明其他東西好了。

在這之前，兒子啊～要多讀科學的書才行！

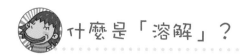 ## 什麼是「溶解」？

　　砂糖會溶於水，像這樣兩種以上的物質完全混合在一起的現象，稱之為「溶解」。這時候，量較多而且用來溶解他物的物質稱為溶劑，而量較少的被溶解物質則稱為溶質。溶解之後所產生的均勻混合物，稱為溶液。溶解時，混合後的溶質與溶劑分子間的引力，通常會比混合前物質之間的引力更大。

 ## 再怎麼容易溶解，也是需要有「條件」的！

　　溶解度是指一物質能夠溶解的程度。一般而言，都是以水為溶劑，100g的水裡面，能使某固態物質溶解到飽和狀態的量，叫做溶解度。依照溶劑與溶質的種類不同，或者溫度的不同，能夠溶化的量也會不同。所以，若提到溶解度，就必須知道是什麼樣的溶質在幾度的溫度下溶化於什麼樣的溶劑裡。

果然不愧是水，最會溶解了！

　　溶質可以是液體、氣體、固體等多種形態，但是一般而言，溶劑大部分都是液體，其中，最具代表性的就是水。水在地球上到處可見，屬於極性溶劑，而且極性很大，所以可以溶解固體、液體、氣體等各種物質。因此，在海水或者河水中，氧氣和其他各種物質均可被溶在其中。動植物的呼吸和養分的取得，也都是靠水極大的溶解度才得以達成。除此之外，日常生活中我們也藉助水的極大溶解度，能夠享受到各式各樣的飲料。

老師，我有問題！

有糖水、鹽水，那麼請問有砂水嗎？

砂糖和鹽是會溶解於水的物質，所以如果把砂糖和鹽放進水裡，會在水中溶化，就看不見砂糖和鹽了。可是，砂子並不會溶解於水，所以把砂子放進水裡的時候不會溶化，只是會混在一起而已。

砂子在水裡還是砂子嘛～

自修吵鬧：杜利

我為什麼不能被叫做砂水哼！！

瓶子裡的浮船

首先，在瓶子裡放入有加了藍色顏料的水

倒入石油醚

石油醚

然後搖晃混合看看。

原來，博士叫我來，是要我做這種事…。

喘～

喘～
喘～

搖晃
搖晃

啊？

怎麼這樣？

呃啊啊啊啊啊啊～

搖晃   搖晃

再來，我用蠟筆把船的2/3塗紅色，下方不塗色。

呃，博士…無法混合耶！

奇怪，為何無法混合呢？

嗯，很好！都塗好了～

把船放進去，再搖一搖瓶子～

咚～

• • • • • •

咻
咻
咻
咻

好了，我們來看看船的位置吧！

啊！！？！

晃動

晃動

博士，好奇怪喔！船浮在中間耶！

哈哈哈，這並不奇怪啊～

啊哈～原來如此

　　石油醚是完全不溶於水的，密度很小，所以既不會和水相溶，而且還會浮在水上面。如果是紙類的成分，容易吸收水分，也容易和水混合。

　　至於蠟筆或者油性簽字筆的成分，並不會溶於水，但部分成分能溶於石油醚，因此塗有蠟筆的上半部船身，會朝向石油乙醚那一邊，至於沒有塗色的下半部船身，則會朝向水的那一邊，如此一來，就可以讓船浮在水和石油醚之間囉！

水和水，可以均勻混合在一起嗎？

當然可以均勻混合囉！這是因為相同的物質之間，有互相拉引的力量存在。

那麼砂糖和砂糖可以均勻混合在一起嗎？這個問題本身就有些不明確。因為固體並不是處於液體狀態，所以原本就無法均勻混合在一起。雖然如此，但是一般我們也都知道，砂糖粒子間並不會發生像磁鐵同極相斥的現象。

那麼再問各位一個問題，砂糖和水可以均勻混合嗎？

按照經驗，誰都知道可以均勻混合。在溶解過程裡，若想讓兩種物質均勻混合，那麼構成兩種物質的分子性質必須很相似才可以。以砂糖和水為例，砂糖分子和水分子的構造中，有一部分是相似的，所以砂糖只要是在水可以溶解的程度範圍內，都是可以和水均勻混合的。現在問最後一個問題囉！糖水和糖水可以均勻混合嗎？答案是：既不是混合，也不是不會混合。糖水和糖水當然可以均勻混合，因為糖和水可以均勻混合，所以兩杯糖水倒在一起，一定會均勻混合。然而，如果是濃度不同的兩杯糖水，倒在一起的那一瞬間，情況就不一樣了。在兩個紙杯裡各倒入一半的水，第一個紙杯溶化了一匙的糖，第二個紙杯完全溶化了五匙的糖。然後，為了區分，其中一杯加了食用色素溶化在裡面。現在，在試管或量杯裡，先倒入濃度高的糖水，再使用滴管，把濃度低的糖水慢慢滴入。那麼，糖水不會混合，而是分開。

會有這種現象，是因為兩溶液的濃度不同所造成。即使是再容易混合的物質，濃度不同，密度就不同，一開始並不會均勻混合。不過，由於兩溶液的組成物質是相同的，所以幾天觀察之後就會發現，最後還是會混合在一起。

奇怪了，同樣是糖水，怎麼我們不會混合呢…

因為密度不一樣！等一等吧～之後就會溶在一起囉！

這只是常識而已～

食物下油鍋會油爆的原因？

油比水的沸點高，比較不會產生汽化，所以高溫烹煮食物的時候，油是不可或缺的材料。用油來炸食物的時候，都是用高溫加熱並且短時間放入食物就撈起來，這種料理方法會讓食物表面水氣消失而變得脆脆的。但食物裡面通常都含有水分，所以在炸食物的時候，自然會有水進到油裡。水比食用油的密度大，因此很容易就會沉下去，進入到油裡面的水會很快煮沸並且變成水蒸氣。

這時水蒸氣在油裡面是小水珠的形態，會從油裡面往上浮，而且是周圍包著少量的油一起往上浮。然後，浮到上面之後水珠就爆開，油會往外面四周噴出去。所以說，如果要炸那種含水分很多的食物時，必須注意會有這種油爆現象喔！

哎呀！！

4. 混合物的分離

在無人島製造飲用水

已經在無人島待了三天…好口渴啊…。

嘩啦啦～

癱軟～

呃…口好渴啊…。

無力～

有沒有什麼可以喝的東西呢？

唉，已經沒東西可以喝了…

丟～

丟～

怎麼都是沒用的垃圾啊！

咦！

鐵桶下方用火煮海水，因為石頭而下陷的地方就會凝結水珠，會滴水到杯子裡～

哇啊～

快吹，別讓火熄滅了～

Yes, sir！

呼～

呼～

呼

呼

呼

別吹了，我們打開看看！

呼～ 呼～

水

得救了，有水了！！

鹽

好耶！！有水了！！

以過濾的方式製造清淨的水

　　什麼是過濾呢？如果在大自然裡，這便是指地面水從地表滲透到地底下將水質變得乾淨的過程。地面水滲往泥土底下時，首先，大顆粒的粒子會被濾掉，然後經過乾淨的沙層或積炭層時會以緩慢的速度繼續往下滲，此時夾雜在水中的各種髒污物質將會被濾除，就會產生清淨的地下水了。

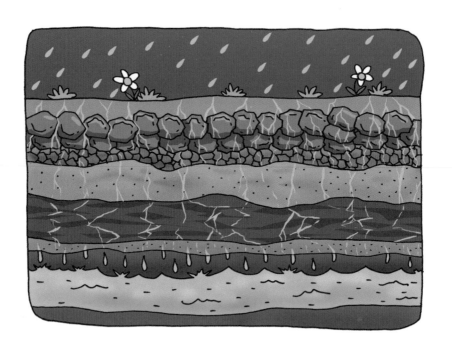

 ## 以吸附的方式淨化水質

　　泥土或石頭大部分是矽的氧化物，也就是含有矽酸鹽成分。溶解在水中的物質，有些遇到矽酸鹽時會稍微地被吸附，所以當水通過沙層時，水中的物質得以分離開來。像這樣溶有各種物質的水流過某物之間的時候，由於溶在水中的這些物質被吸附的程度各有不同，使得這些物質會與水分離，這種現象稱為層析現象。

層析是分離混合物的一種方法

　　「層析」這種技術第一次被使用是在1960年，是俄國植物學家Mihail Semyonovich Tsvet利用裝有碳酸鈣的試管，將植物葉子的色素分離的方法。由於各個色素在試管中移動的速度不同，利用這樣的原理，使各種色素能夠被分離開來。

　　層析的種類很多，我們日常生活之中就可以親身試驗看看，我們可以利用簡易的紙層析來理解層析的原理。當我們用黑色簽字筆寫字在紙上之後，滴幾滴的水在字上面，將紙張垂直擺放，此時浸到水的字會擴散開來。仔細觀察擴散開來的字會發現到並不是黑色，而是有藍色、黃色等各種顏色出現在擴散開來的字。這是因為黑色墨水是由各種顏色的色素混合而成，這些色素在紙上擴散開來的時候，會被分離，比較容易溶於水的物質會擴散較快，至於比較不容易溶於水的物質則會留在紙上原來的位置或者擴散較慢。

老師，我有問題！

什麼是禁藥檢驗呢？

在世界奧運或者各種運動比賽，參賽的選手為了取得好成績，可能會有人違規使用能夠短時間增加耐力的荷爾蒙或興奮劑。檢驗是否有使用這種禁藥的程序，稱為禁藥檢驗或藥物檢驗。

獨一無二的淨水器

好了～實驗時間又到囉！

大家好～

我們要利用保特瓶、小石子、沙，來製造可以淨水的裝置喔！

哦～

只需要準備這些材料就可以了！！

需要的有～

保特瓶　　小石子　　沙　　木炭與炭粉

小刀

玻璃燒杯

首先,將小石子、沙、木炭,分別洗乾淨,

沖洗

切開~

將保特瓶的底部切掉

之後放進木炭、小石子、沙,堵住保特瓶的開口。

這樣子~

然後放進你要放的材料,裝滿保特瓶吧~

放進材料

博士~
我裝滿了!

您不是說，放進要放的材料嗎？

小石子、木炭、沙，都必須用到才行！

材料全都必須用到，給我再做一次！

是…

好了～

您一開始沒有講清楚嘛…

混濁～

準備好了之後，接下來，將髒水倒進去。

會不會流出髒水來呢？

唰啦啦

哇！不是髒水耶！

博士，流出的水是乾淨的耶！

哈哈哈！很神奇吧？

啊哈～
原來如此

　　粗的沙子會過濾掉水中的粗粒物質，細的沙子則是會過濾掉更小的物質。如果只有使用細沙來製作淨水器，水流的速度會太慢，所以應該要粗沙與細沙都適量使用才對。木炭則是會吸附水中的微細物質，也是具有過濾的功效，木炭能濾除沙子無法過濾的色素等物質。

　　因此，最理想的保特瓶淨水器的形態，是最底層放小石子然後在它上面依序再鋪上炭粉、細沙、粗沙。但事實上，鋪放順序雖有影響卻不是影響很大，只不過，為了讓水能夠很快速的過濾，大顆粒的材料放在上方會比較好喔。

地球的水超過97%是海水，可是海水能喝嗎？

如何讓海水可以飲用？

如果將鹽分濃度高的海水與乾淨的淡水接觸，兩種水之間設置一層的半透膜，那麼淡水就會往濃度高的海水方向移動，造成海水的濃度減低，這種現象稱為滲透現象。在大自然界有很多自然發生的滲透現象。

然而，在飲用水不足的國家裡，由於能夠利用的淡水不足，所以會用逆滲透的方式來過濾海水以產生淡水。

如果在海水與淡水之間設置一層的半透膜，照理說，淡水會往海水方向移動，然而，若是這個時候在海水處設置巨大的壓縮機給予海水壓力，那麼淡水就不會往海水方向移動，使得海水的水會往淡水方向移動，這種方式稱為逆滲透。

我們國家很幸運有足夠的飲用水，不需要用逆滲透的方式來淡化海水，可是飲用水不足的中東地區，就必須用這種方式來製造淡水了。

 ## 如何分離混合物呢？

- 分辨稻穀的好壞：將稻穀放到鹽水裡，如果是內部飽滿的稻穀則會沈下去，穀殼則是浮在上面。然後再把浮在鹽水上面的穀殼撈起來，留下好的稻穀作為使用。

- 分辨雞蛋的好壞：將雞蛋放到鹽水裡，如果是新鮮的雞蛋則會沈下去，不新鮮的雞蛋則是浮在上面。因為新鮮雞蛋的密度較大，所以在鹽水裡會下沈。

- 簸箕：簸箕，是一種「揚去穀類糠皮」的農具，它是一種扁平、圓形的竹編容器。「糠」指的是穀殼，一般稻穀在去掉穀殼變成米粒之後，米粒當中會混雜穀殼，這時候可以利用甩簸箕來將兩者分離。在甩簸箕的時候，若有米粒則會聚集到簸箕的中央，而穀殼則因重量較輕，會隨風吹走，如此就可以把米粒和穀殼分開了。

- 製造清酒：一般都是利用濁酒來製造清酒，其方法是將濁酒放入蒸餾器具裡，由於乙醇的沸點低，所以先變成氣體的酒精蒸氣會往上升，此時蒸氣流到上方的冷凝管會自動凝結，再加以收集後則為清酒。

木炭雖然會讓手變黑，卻能讓這世界變乾淨

將木頭放入木炭窯裡燃燒之後所形成的黑色一塊一塊的東西，稱之為木炭。木炭隨著木頭種類的不同以及燃燒的條件不同，而有各式各樣的木炭。通常是用橡木、松木、櫟木、冬柏、梧桐等各種的樹材，製作出來的木炭有各自不同的用處。

木炭自古以來一直是烹煮食物或者暖炕所必須用到的燃料，不僅如此，因為木炭多孔的特性，可以有效吸附異物，所以能夠除臭與去毒因此被廣泛使用於吸附劑或過濾材料。

自從青銅器時代以來，製造青銅器或鐵器時，木炭就扮演了非常重要的角色。而且，自古以來木炭就被認為具有清淨的功效，此外，在釀造醬油時也會使用木炭。在以前的韓國村落有嬰孩出生的家庭會在門上用金線掛一塊木炭。

古時侯不管水井有多深，都會將木炭洗淨之後鋪在水井最底部，然後在木炭上方鋪些許小石子，然後一年就會清洗一次水井並且換新的木炭。以上這些都是前人在日常生活中應用木炭的實例。

有了木炭，我們得以安心飲用井水，呵呵呵～

小石子

木炭

5. 熱與體積的膨脹 熱造成物體的溫度
與體積變化

哇嗚，令人驚奇的水蒸氣能量！

我在無人島的生活，除了孤獨外還是孤獨。

這些日子真辛苦，我總算要離開這裡…全都靠你了。

我最後的希望…

航行三天，都風平浪靜。

然而到了第四天

噗通～

咦？

唰ㄚ～

啊ㄚ～

我的媽呀！！

冷靜下來！果然不出我所料

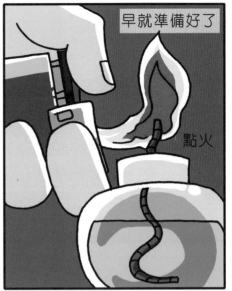

早就準備好了

點火

迷你蒸氣機！！

噗噗　噗噗

迷…迷你的…銅管的水開始沸騰了。

噗噗～

噗噗～

噗噗～

哎呀呀呀～

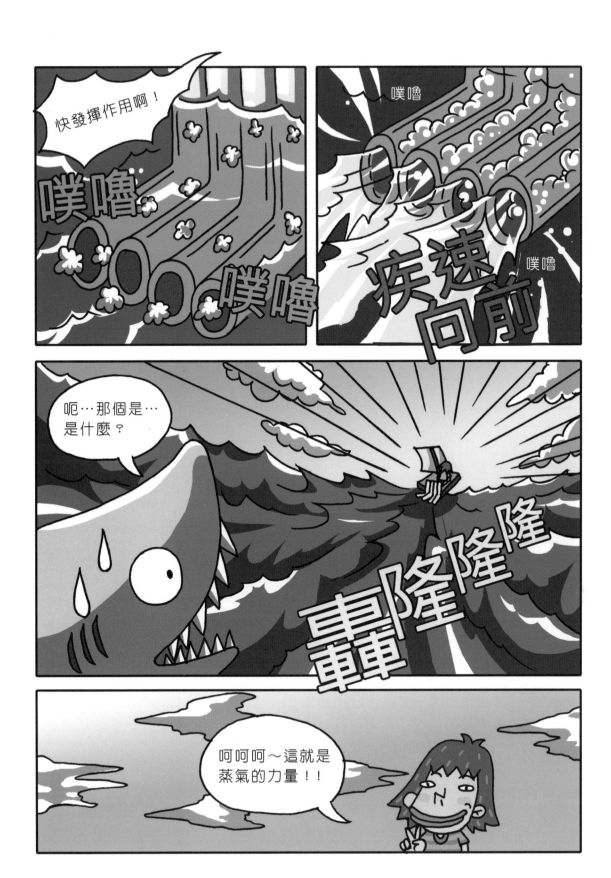

熱是能量的一種，可以增加物體的溫度，或改變物體的狀態。

當水加熱時，水的溫度之所以會上升，是因為熱能傳遞給水的緣故。當水的溫度到達100℃時會變成水蒸氣，這是由於液體吸收了熱能後轉變為氣體的現象。但如果溫度沒有增加，卻還是由固體或液體產生了一些氣體，這種現象也是因為熱能所導致。

溫熱的物體與冷的物體接觸時，溫熱物體的溫度會漸漸下降，冷物體的溫度則會漸漸上升。這是因為有熱能從溫熱的物體傳導至冷物體的緣故，經過一段時間之後，當兩個物體的溫度變得一樣時，便達到熱平衡的狀態，此時熱能就不會再移動了。

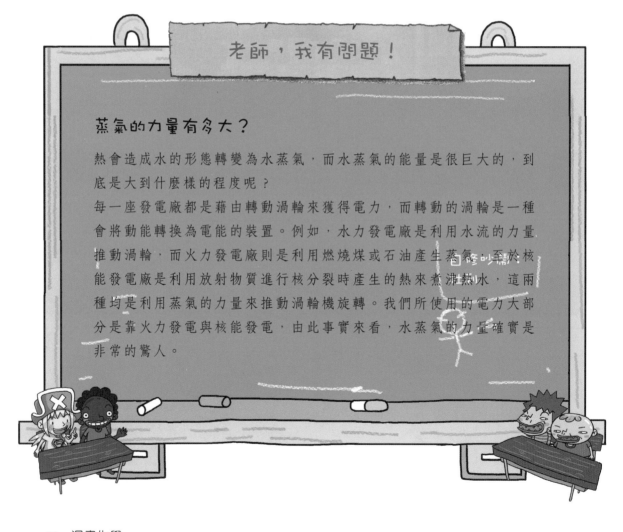

老師，我有問題！

蒸氣的力量有多大？

熱會造成水的形態轉變為水蒸氣，而水蒸氣的能量是很巨大的，到底是大到什麼樣的程度呢？

每一座發電廠都是藉由轉動渦輪來獲得電力，而轉動的渦輪是一種會將動能轉換為電能的裝置。例如，水力發電廠是利用水流的力量推動渦輪，而火力發電廠則是利用燃燒煤或石油產生蒸氣，至於核能發電廠是利用放射物質進行核分裂時產生的熱來煮沸熱水，這兩種均是利用蒸氣的力量來推動渦輪機旋轉。我們所使用的電力大部分是靠火力發電與核能發電，由此事實來看，水蒸氣的力量確實是非常的驚人。

蒸氣設備的夢想

　　長久以來人類都是使用槓桿原理將重物舉起，但是槓桿有個缺點，它必須倚賴人類或是動物的力氣，無法長時間工作；然而，機器裝置可以彌補這個缺點並且長久運轉，因此，利用機器代替人力與獸力一直是人類長久以來的夢想。當時人們利用水加熱煮沸成為水蒸氣後，體積膨脹產生高壓的特性，發明了蒸氣機。一開始被使用在煤礦挖掘時的提水工作，之後，人們漸漸使用蒸氣機作為持續移動重物的機構設備。

　　最初使用在汽車方面是在1769年，當時製造出一輛用蒸氣機驅動的三輪車以運送大炮。而人類第一輛的蒸氣汽車是出現在巴黎的市中心，以時速每小時只有5公里的速度前進，但是因為車子前方鍋爐過大影響轉彎，而且沒有煞車裝置；試車中由於操作困難，結果在下坡時撞到了一道牆造成意外事故，使這輛汽車蒙上了不名譽的光彩，同時也招致停駛的命運。

 ## 蒸氣的特殊用途

　　在英國的倫敦泰晤士河畔有座著名的倫敦塔橋。這座最美麗的塔橋是維多利亞時期的傑作，完成於1894年。

　　當有船隻要通過橋樑時，倫敦塔橋會啟動將橋身向上折起打開，以便讓船隻通行。早期倫敦塔橋塔是使用蒸氣驅動來控制橋面的升降，在1976年之後已被電力取代。

溫度計？

作業：
請製作出
一個溫度計

偷瞄

要怎麼製作溫度
計呢？

咦？

阿阿　阿阿

博士？！

驚嚇

阿銀…我知道
如何製作唷～

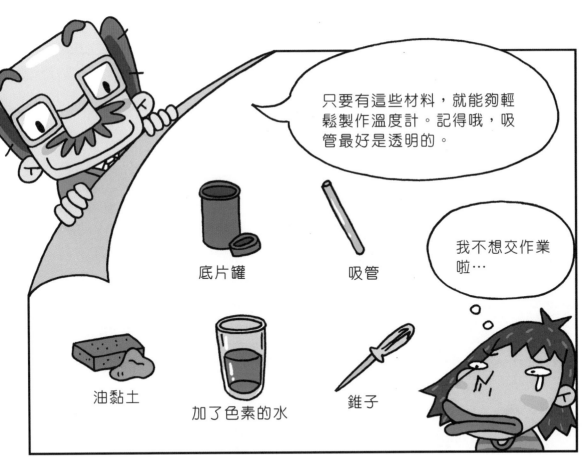

只要有這些材料，就能夠輕鬆製作溫度計。記得哦，吸管最好是透明的。

底片罐

吸管

我不想交作業啦…

油黏土

加了色素的水

錐子

將底片罐的蓋子鑽一個洞，大小必須可以插入吸管。

吸管裝入洞內，用油黏土將縫隙填滿。

喔～喔～

色素水倒入底片罐，直至一半的高度

緩緩倒入

將蓋子關上

喀 噠！

瞧～溫度計完成了！

這樣就完成了嗎？

哈哈哈！實驗看看就知道！

來吧，冷熱水都各放一次看看！

冷水　　　熱水

啊哈～原來如此！

組成物質的分子一直在運動，若將之加熱使其溫度升高，分子運動的速率就會加快。相較於液體與固體，氣體在溫度高的地方體積可以增加更多。在這個實驗裡，水溫度計的底片罐內的空氣如果遇到熱水，體積會膨脹，吸管內的水被擠出去，水面就會上升。透過水面的變化，可以比較出溫度的高低。

變形扭曲的鐵軌

所有物質皆可以分為固體、液體、氣體三種狀態，而且體積會因為溫度變高而增加，也會因為溫度降低而縮小。固體隨著溫度變化而膨脹縮小的程度會比較小，但是如果溫度上升非常多的時候，即使是固體也會增加很多的體積。尤其是金屬固體，增加的程度最大。

假設天氣突然變熱，火車的鐵軌因此膨脹變形，就容易引起嚴重的火車事故。所以實際在鋪設鐵軌時都會每一截鐵軌都留一點間距，預留夏天時鐵軌會變長的空間。但是如果溫度真的上升太高了，且鐵軌膨脹超過鐵軌鋪設預留的空間時，鐵軌則會變形和變彎，造成火車出軌。為了防範意外發生，負責鐵路營運的鐵路局都會在夏季時對鐵軌進行灑水作業，使鐵軌降溫，讓列車在酷暑下能繼續安全地行駛。

對溫度是否太敏感了？

溫度計是一種用來測量物體溫度的工具，在科學發展中扮演著重要的角色。在古時候曾有科學家嘗試要測定溫度，但是直到近代，才由伽利略設計出測量溫度的工具。在1603年，伽利略（Galileo Galilei）拿了一個含有空氣的玻璃管倒立放置於含有水的器具中，當房間變溫暖時，玻璃管管內的空氣會膨脹，水面會下降；而當房間變冷時，管內的空氣會收縮，水面則會上升。

同樣地，酒精溫度計也是利用這個原理，這種溫度計是由顯微鏡的發明家虎克（Robert Hooke）在1664年所製造出來的。酒精溫度計的玻璃管內裝的是染成紅色的乙醇，會隨著環境熱漲冷縮，利用這個現象來測量溫度。

但是水溫度計在寒冷的天氣裡容易結凍，這時就無法測量溫度了，乙醇溫度計則是在高溫的時候容易到達沸點，這時也無法測量溫度。所以，華倫海（Gabriel Daniel Fahreheit）製造了水銀溫度計，以改善水溫度計和酒精溫度計的缺點。水銀溫度計是將置入冰水時的高度與置入沸水時的高度之間以180等分的刻度標示，以測量溫度。水銀的熱膨脹率是固定的，所以能夠正確測量溫度，而且水銀不會附著於玻璃管，上下浮動容易，且水銀在-38.9～356.5℃的溫度下皆能以液體存在，幅度相當大，是能夠測量廣範圍溫度的溫度計。

水銀溫度計因為有這些優點，因此常用於日常生活中。然而，水銀溫度計在0～100℃範圍以外的誤差大，所以需要精密測量時並不適合使用水銀溫度計。

這只是常識而已～

電器開關的奧秘

在我們生活之中有很多東西是利用遇熱時體積會變化的原理，其中有一種稱為雙金屬。雙金屬是將兩個不同金屬黏貼一起，在一樣的溫度變化下，有不同的膨脹係數。

當雙金屬溫度上升時，比較不會膨脹的金屬其彎曲度較小，比較會膨脹的金屬其彎曲度較大，所以會朝著比較不會膨脹的金屬方向來彎曲，導致電路中斷。當溫度下降時，金屬的變形會逐漸恢復回來，雙金屬片又會　重新接觸，電路再次接通。因此，雙金屬適合使用在熨斗、瞬間加熱水壺、電熱毯等，需要依照不同溫度反覆開開關關的產品上。

假如地球的水全部結凍

西元2200年，地球因為氣候異常而再回到了冰河時期，

極冷的溫度下，連大海也全部結冰了。

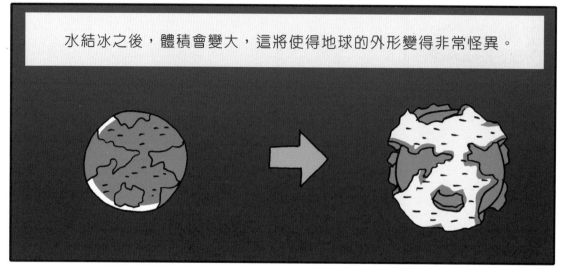

水結冰之後，體積會變大，這將使得地球的外形變得非常怪異。

由於「結冰大海」的高度
比地面高

所以如果要出國

必須先搭大型的
電梯來到結冰的
海面上。

咻嗚嗚嗚～

野生動物們都已凍死了,

如果要吃魚,就得去冰海挖掘。

哇啊～我挖到
了一條大鼻子
鯊魚唷～

我只想吃章
魚…。

現在地球最棒的運輸工具不再是飛機了。

也不是汽車，而是所謂的…

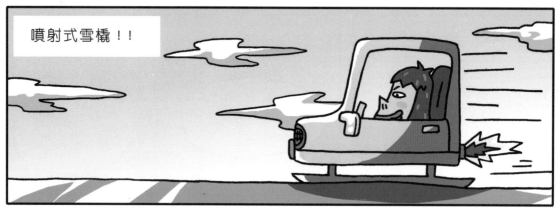

噴射式雪橇！！

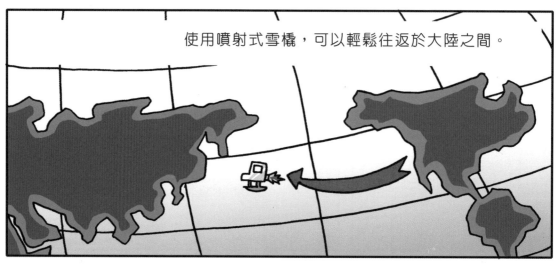

使用噴射式雪橇，可以輕鬆往返於大陸之間。

要判斷液體和固體的狀態，通常是以外觀來做比較。液體並沒有一定的形狀，而固體則有固定的形狀。這是因為構成液體和固體的小分子之間結合強度不同的關係。

相較於液體，構成固體的分子都是牢牢緊密的結合著，因此固體的外觀形態是固定的。一般來說，液體如果轉變為固體，那麼構成此物質的分子之間其距離也會變得接近，會導致體積的減少。

然而，水卻是例外，水在凍結的瞬間，體積是會增加的。水分子與水分子之間會因為氫鍵的鍵結，而使所有水分子變成一個特殊的立體結構，使空間變大，這就是為什麼水變冰時體積會膨脹的原因了。

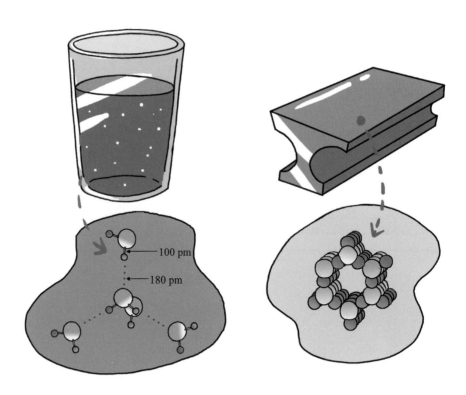

100 pm

180 pm

構成液體和固體的分子，其結合方式各有不同

這只是常識而已～

韓國朝鮮時代的國王也愛吃冰棒嗎？

夏天來一支清涼的冰棒是很享受的事，但是古時候的人也
吃冰嗎？

在現代科學發達的時代裡，只要把飲料放到冰箱冷
凍庫就能吃到冰冰涼涼的冰棒，但是在沒有
冰箱的朝鮮時代，當時的國王雖然餐餐山珍
海味，但是想吃到冰棒卻不是件容易的事。
由古書記載可知，朝鮮時代已有地下冰窖作
為保存冰塊的用途，當時可能也會利用冰塊和
鹽來製造冰棒，拿來當作上呈給國王的貢品也
說不一定呢！

老師，我有問題！

把瓶子撐裂了？

哎呀～
撐破了！

如果玻璃瓶裝可樂不開瓶並且放置在冷凍庫裡一
個晚上，隔天就會發現可樂結凍而且把瓶子撐裂
了。

這是因為可樂的成分有99%是水，水結冰時會比
液體時的體積還大，所以可樂結冰時，玻璃瓶內
的空間不足，當然就會撐破玻璃瓶囉！

不用冰箱也能做冰棒

阿銀～你想吃冰棒嗎？

好，我要吃冰棒！

那麼，來做實驗吧。

只是吃個冰棒，為什麼要做實驗呢？

這次要進行的是，不用冰箱也能做冰棒的實驗唷！

我已經準備了這些材料！

紙杯　竹筷子　冰塊

保溫瓶　果汁　粗鹽

咦?用這些東西要怎麼做冰棒?

實驗看看就知道囉!

首先,把冰塊以及約冰塊3分之1的粗鹽放進保溫瓶裡

冰塊

粗鹽

將筷子插在裝有果汁的紙杯裡,紙杯也要放進保溫瓶裡喔!

冰塊
粗鹽

果汁

但是,保溫瓶裡的冰塊會融化吧?

沒錯~冰塊會融化!

咦?

你還不快點起來！

嗯

哇啊！是冰沙耶！

為什麼不是冰棒而是冰沙呢？

是因為你迫不及待，我們太快拿出來才這樣。

喀啦喀啦～

這果汁會結凍的原因是什麼呢？

啊哈～原來如此

　　　冰塊在0℃會融化，但是如果有鹽就會加快其融化速度。冰塊融化之後變成水，此時會吸收周圍的熱，所以周圍的溫度會下降。若在保溫瓶裡插上溫度計，大約會顯示零下10度，甚至到零下20度的低溫。因此，紙杯裡的果汁會結冰成為冰棒，但是如果沒有放很久就拿出來，當然可能會是冰沙的狀態囉。

冰山的一角！！

　　冰河是指數百年、數千年的積雪因為本身重量的壓力所形成的堅硬冰塊，是會沿著斜坡向下滑動的冰川。如果是距離地表10公尺深的冰比重大約0.6，但如果是距離地表200公尺深的冰比重可達0.91，等於是接近純冰塊了。大規模的冰河由於受到重力的影響，會往地形較低的地方慢慢移動，到達海岸之後，冰河前端的冰塊會掉落到海裡，形成冰山。

噗！這冰山看起來好小喔！

 ## 水結冰時，溫度如何變化呢？

　　溫度低的時候，氣體會變成液體，然後液體會變成固體。液態的水當溫度如果變低了，就會形成冰塊。可是水在形成冰塊的時候，不管再怎麼降溫，水的溫度都不會再更低，必須等到全部變成冰塊之後才會再降到更低溫。相反的，對冰塊持續加熱時，必須等到全部都變成水之後溫度才會再上升，為什麼會這樣呢？

　　溫度的變化即反映物質熱能的變化，而熱能是由組成物質的分子間運動所產生的，所以溫度不變，等於是熱量既無減少也未增加，亦表示分子間的運動能量並沒有變大或變小。冰塊融化時，由熱源處所輸入的熱能主要用於分子間鍵結的破壞，而非增加分子運動的能量，因此冰在融化時，溫度保持不變。

冰淇淋是用牛奶或乳脂肪加上糖、雞蛋、安定劑(吉利丁或其他物質)、香料、色素等，攪拌均勻之後製成的結冰物。我們平常愛吃的冰淇淋其實是有悠久歷史的：

■在古代的中國，大約西元前3000年開始，利用雪或冰加入蜂蜜與果汁混合來吃。

■在中國孔子時代，以地下冰窖保存冰塊或雪。

■大約西元前400年亞歷山大國王時代，人們利用從高山運下來的雪加入蜂蜜、水果、牛奶或羊乳，混合成為美味的冰品。

■希波克拉提斯（Hippocrates）給他的病患吃「冷凍食物」，以促進病患食慾。

■在羅馬時代，店名為「Thermopia」的一家商店連在冬天也販賣冰涼的飲料。

■在1292年，馬可波羅將他在中國北京吃到的雪花酪的配方傳到了義大利的威尼斯。

■在1851年，美國馬里蘭州的牛奶商人於巴爾的摩當地設立冰淇淋工廠，開始大量生產之後，1890年發明了攪拌均質器，使冰淇淋的量產製造普及到了全世界。

用家裡浴缸造出死海

咦？浮在半空中嗎？

是啊！我在電視上看到有人會浮在半空中呢！

你一個小時之後來我家，我也表演給你看～

什麼！

嘿！會浮在半空中不算什麼嘛～

只要有鹽，我就能浮起來了，嘿嘿！！

鹽

先量浴缸的長寬高，分別是1m、1.5m及0.7m，所以～

如果60kg的人要浮起來，需要250kg的鹽…所以要是我想浮起來，會需要180～200kg的鹽囉…哪裡去找這麼多鹽呢？

先將浴缸盛水到2/3滿，

拿烹調細鹽、粗鹽

細鹽

粗鹽

也有竹鹽呢！！

竹鹽

這些太少了，距離200kg還差十萬八千里…

阿姨，你們家的鹽借我用一下～

哎呀，阿銀…

婆婆，你們家的鹽我拿走囉～

別拿這麼多！

借我一些鹽嘛…大叔～

喂！你這小子！

要如何做，才能讓固體容易溶解呢？

一般而言，固體是在越高的溫度下，越容易溶解。所以當我們在溶解可可亞或咖啡時，使用熱水會溶解更快、更多。這是因為水的溶解過程大都是吸熱的緣故，固體在水中溶解時，需要熱量，所以提供的熱越多，就可以溶解越多。

溫度($^{\circ}$C)	黃酸銅	鹽	氯化鈣	明礬	硼酸
20	26	35	43	11	4
50	34	37	55	36	11
80	55	38	59	54	23

老師，我有問題！

為什麼可樂要加冰才會清爽好喝呢？

氣體和固體相反，溫度越高，越難溶解。因此，溶有二氧化碳氣體的可樂如果溫度變熱了，會釋出二氧化碳，口感就會變差。

所以說，可樂如果沒有放進冰箱裡，只是放在常溫之下，原本溶解在可樂裡的二氧化碳會被釋出，此時可樂當然也就沒有什麼氣泡味道，只有甜甜的糖水味。

溶解也是有分程度的嗎？

飽和溶液

所謂的飽和溶液，是指在一定的溫度下100g的溶劑裡再也無法溶解更多溶質，並達到一個極限時，此溶液稱為飽和溶液。也就是說，溶質已經溶解達到溶解度的溶液，稱為飽和溶液。

不飽和溶液

在一定的溫度下，100g的溶劑裡如果溶質溶解還未達到溶解度，這種的溶液稱為不飽和溶液。所以說，不飽和溶液還可以再溶解更多的溶質，也就是未達到飽和狀態的溶液。

過飽和溶液

所謂的過飽和溶液，是比飽和狀態還溶解了更多的溶質。過飽和溶液是不穩定的溶液，所以如果搖晃這種溶液或者用玻璃棒碰觸容器內的壁面，就可使過量溶質結晶析出。

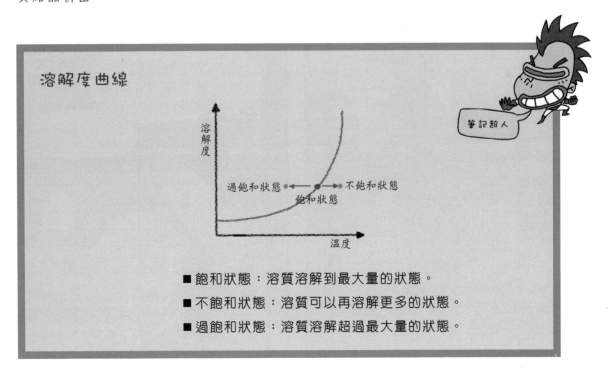

溶解度曲線

■ 飽和狀態：溶質溶解到最大量的狀態。
■ 不飽和狀態：溶質可以再溶解更多的狀態。
■ 過飽和狀態：溶質溶解超過最大量的狀態。

呃啊啊！慘了啦～

發生什麼事了？阿銀？

嗚…

轉頭

博士，請救救我呀！

啊？

媽媽為了染布買了一塊明礬，我不小心倒進水裡了！

水

明礬

喔喔～

博士，請您
幫幫我～

這樣我剛好可以
來做個實驗囉！

什麼！！

製作明礬結晶的實驗！

我超喜歡這個實驗！

首先，明礬要加熱
水才行～

狂奔一

撞：開~

博士，產生
結晶了~

但是和我倒進去
的明礬相比，太
少了啦～

因為還有很多明
礬溶解在溶液中
啊！

那麼，該怎
麼辦嘛？

它可能要再放
更多天喔～

啊哈～
原來如此

　　固體大部分會隨著溫度的升高而增加其溶解度。所以如果
降低水的溫度，也會降低所能溶解的固體量，無法溶解的固體會
被析出，依照溶質種類的不同，所析出的結晶形狀也不相同。

人類會在水裡面浮起來是因為水有浮力的關係，物體在水中時，水給予物體重力的反方向作用力，這個作用力稱為浮力。

常溫的水密度大約為1g/mL，而人類的密度雖然依個人體質會有所不同，但大約都是0.95g/mL。因此，在水中將身體蜷曲起來靜止不動，背部會漂浮在水面上，但身體如果伸展成平坦形狀，雖不會完全沈下去，但是沒有什麼浮力，很難浮起來。然而，因為每個人的脂肪量、肌肉量不同，而且呼吸程度也不同，所以這其中有很多的變數。

以色列死海鹽份濃度是30%，也就是說，水70g裡面有30g鹽溶解在其中。

水如果是70g，則體積為70mL，若是溶有30g鹽，那麼體積幾乎不會增加，所以死海的密度是100/70＝1.4g/mL（克／毫升）。因此，在密度為1g/mL的水中不太會浮起來的人，在死海卻能夠輕鬆自在地漂浮起來。

糖的歷史

糖起源於印度，大約是在西元前200年在印度首次發現了糖的原料—甘蔗。在西元5～6世紀，糖從印度傳到了中國、泰國、印尼等地，經過中東傳到歐洲。在中東地區時將印度運來的原糖（甘蔗經過一次榨汁並未精製的粗糖）精製之後，製成砂糖。

甘蔗初期是以印度為中心，自然生長，被印度河、恒河流域的居民拿來咀嚼當零食。從甘蔗莖所滴下來的液體經過太陽照射會逐漸變硬硬的固體，人們就是從此得到靈感而製成糖。不久後，被阿拉伯、義大利人傳到了地中海沿岸各國。糖很快取代了蜂蜜原本所佔的地位，各種果醬隨之誕生。

將水果去除果皮與果核之後煮熟，放入布袋掛著，讓汁液冷卻凝固，這是果醬最原始的作法。在此，水果和糖一起煮所生成的汁液之所以會凝固，是因為水果之中有果膠這種高分子多醣類的關係。

另外，在醃漬水果時，加糖一起煮後觀察水果的表面，會觀察到白色的結晶，這是糖的結晶。醃漬水果之所以會產生糖的結晶，是因為加熱會使水分減少而析出溶解過多的糖。

嘻，從今以後就不需要蜂蜜了！！

中和酸雨的超強髮膠

可能因為酸雨的關係吧。

咦？如果是因為酸雨的關係～

東翻翻

西找找

讓我來為爺爺製作對抗酸雨的髮膠！

蘇打粉

蘇打粉裡含碳酸鈉，為一種弱鹼性物質。

蘇打粉

把蘇打粉溶解於水中之後，製作出鹼性溶液

倒～

接著將這溶液～

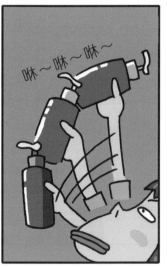

有酸味的酸性物質

酸溶解於水中會產生氫離子，這是酸的特性。酸性溶液具有酸酸的味道，利用藍色石蕊試紙測試，試紙會變成紅色，而且酸性溶液能中和鹼性溶液。酸性溶液pH值小於7，會腐蝕金屬或大理石。在我們生活之中常見的酸性物質有醋、檸檬、明礬溶液等。

 ## 滑滑的鹼性物質

鹼溶解於水會產生氫氧根離子，這是鹼的特性。鹼性普遍都具有滑滑的觸感，而鹼性溶液會使紅色石蕊試紙變成藍色。鹼性溶液pH值大於7，能中和酸性溶液。在我們生活之中常見的鹼性物質有蘇打、胃藥、浴室清潔劑等。

 ## 介於酸性和鹼性之間的中性

中性溶液的pH值為7，其最具代表性的物質是水。

讓我們來分辨酸性和鹼性！

我們可以用石蕊試紙或其他各種指示劑來分辨酸性和鹼性。指示劑遇到酸性物質或鹼性物質時顏色會變化，這樣我們就能確定該物質是酸性或是鹼性。可使用酚酞指示劑、溴瑞香草酚藍指示劑（BTB）、甲基紅、甲基橙等各式各樣的指示劑。此外，大自然界的指示劑有紅甘藍、葡萄皮、櫻桃等水果色素，以及大理花、玫瑰、牽牛花等花瓣色素。

指示劑種類	酸性	中性	鹼性
石蕊試紙	紅色	無變化	藍色
BTB溶液	黃色	綠色	藍色
酚酞溶液	無色	無色	紅色
甲基橙溶液	紅色	橙色	黃色

什麼是pH值呢?

pH值可以顯示出酸性及鹼性溶液的酸鹼程度。
pH值的範圍介於0～14之間，如果pH值等於7是中性，如果pH值小於7為酸性，pH值大於7為鹼性。

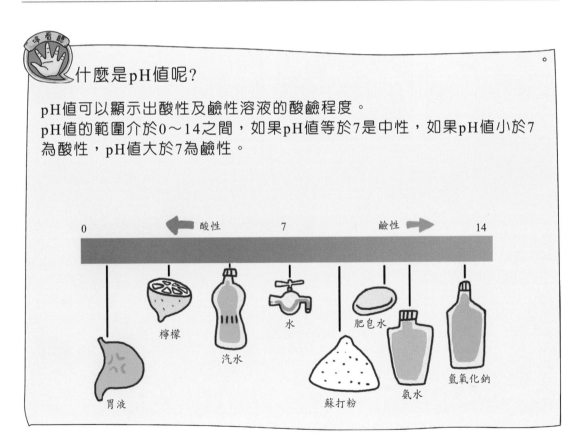

107

教學實驗室　會變顏色的魔術紙花

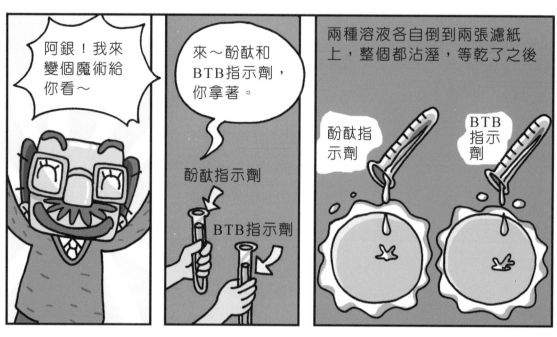

阿銀！我來變個魔術給你看～

來～酚酞和BTB指示劑，你拿著。

酚酞指示劑

BTB指示劑

兩種溶液各自倒到兩張濾紙上，整個都沾溼，等乾了之後

酚酞指示劑

BTB指示劑

兩張濾紙都分成八等分，依V字型剪下。

可是博士，這不是魔術嗎？感覺像做實驗呢！

被看出來了～
呵呵呵…

博士…

但是也像在變魔術，你做看
看就知道了。然後，在細的
鐵絲上面纏上這些紙。

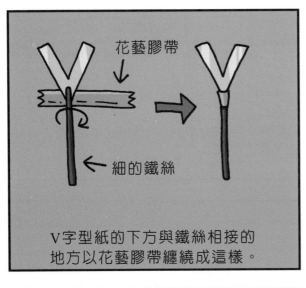

花藝膠帶

細的鐵絲

V字型紙的下方與鐵絲相接的
地方以花藝膠帶纏繞成這樣。

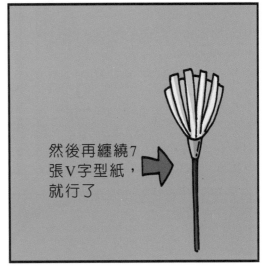

然後再纏繞7
張V字型紙，
就行了

用鉛筆將V字型紙捲一捲

轉啊轉
轉啊轉

盛開！

變成一朵花～

但是…這算什麼魔術啊？

空虛～

哈哈哈，別擔心！魔術即將開始～

杯子裡面裝的一點點液體，那是什麼呢？

這是氨水。如果我把沾酚酞指示劑的花放進去…

鏘～鏘！

變顏色了！！

我的是沾BTB指示劑的花，我也來試試！

哇！！我的變成了藍色耶！！

鏘

鏘

哇～真的是魔術耶！博士，為什麼會這樣呢？

嘻嘻～

啊哈～原來如此

酚酞和BTB溶液都是指示劑，遇到酸性和鹼性溶液會變成不同的顏色。酚酞遇到酸性和中性時呈現無色，遇到鹼性則變成紅色。BTB溶液遇到酸性時呈現黃色，遇到中性時呈現綠色，遇到鹼性則變為藍色。在本實驗中，氨水是鹼性的，所以沾有酚酞的濾紙就會變成紅色，至於沾有BTB溶液的濾紙則會變成藍色。

制酸劑可以用來降低胃酸

制酸劑是一種用來抑制胃酸作用的弱鹼性物質，能夠抑制胃液的分泌而且能夠中和胃酸，以降低胃酸作用。人體之所以會分泌胃酸，是為了消化蛋白質與食物殺菌，但如果胃酸分泌的量太多會損傷胃的黏膜，導致胃痛。所以服用制酸劑可以中和胃酸，降低胃痛的症狀。

 ## 小動物的法寶

螞蟻如果發現入侵者，會很快分泌毒液攻擊敵人。這種毒液若是擴散到小生物的細胞裡，有些甚至會死亡，這是因為螞蟻的毒液之中含有腐蝕性很強的強酸。但是瓢蟲對於螞蟻的攻擊似乎沒有受什麼影響，因為瓢蟲的口水含有鹼性物質，能夠中和掉螞蟻的毒液。

生活中常見的中和反應

■ 要去除魚腥味時，灑一些檸檬汁。
■ 被蜜蜂螯咬後，在傷口塗抹氨水。
■ 泡菜發酸時，加入一點點的蘇打粉。
■ 酸化的土壤，可以灑石灰，以中和酸鹼值。
■ 用肥皂洗頭髮太硬了，可以用醋使頭髮柔軟。
■ 胃液分泌過多時，吃制酸劑來中和胃酸。

筆記超人

酸雨的危害

酸雨是指在空氣中夾雜了pH值5.6以下的酸性物質，如硫氧化物、氮氧化物等隨著雨水落到地面。自然狀態下的雨是帶著空氣中的二氧化碳而呈現弱酸性。但是在大都市周邊的工業地區排放大量酸性氣體，以及汽車排放的廢氣，隨著降雨一起降落下來，就會形成酸雨。

酸雨會讓河流或湖泊水質酸化，也會影響水中生態系統，甚至會腐蝕建築物和各種文化古蹟。不僅如此，酸雨會破壞森林，使土壤受到汙染，讓農作物的收穫減少。還有，人的頭髮褪色和掉髮禿頭，以及使衣服褪色等，皆為淋酸雨後帶來的各種損害。

我們應避免酸雨的產生，例如，多多利用大眾交通工具以減少空氣汙染，在家儘可能節約能源。我們應該多多開發可以替代石油燃料的替代能源。

電影中的科學

天崩地裂

電影《天崩地裂》一開始就是火山爆發怵目驚心的場面，火山岩漿流下山坡，大量煙塵瀰漫，主角營救了住在山裡的祖母時，乘著一艘船準備越過湖泊，但是船的底部卻破了洞，開始有水滲進來。

怎麼回事？？

船之所以會破洞，是因為這艘船是由金屬所打造的。

當岩漿流入湖水，使湖水變成酸性，不但危害了水中生物，也腐蝕了由金屬打造的船隻。

9. 氣體的壓力

氣體的性質

利用氦氣飛起來～

快上飛機吧，今天我要讓你見識見識如何飛上天～呵呵！

別開玩笑了，坐這種塑膠玩具飛機，怎麼可能飛得上去？

……

哼，沒錯，我就是能飛上去！！

好啊～那你自己努力吧～

別瞧不起我！！我一定要你見識我的厲害！！

吱吱

呼

呼

呼

……

光是靠氣球怎麼可能飛上天空？開什麼玩笑啊！！笨蛋！！

呼　呼

你這傢伙，不知道就請閉嘴！！

什…什麼？

氦氣比空氣還要輕，所以可以飛上天去！！這樣我們就可以飛了！！

氦氣罐

飄

飄

氣體壓力是如何形成的？

氣體是由眼睛看不見的微小分子所組成的，而氣體分子總是不斷地運動著。在裝有氣體的容器裡，氣體分子會運動並且碰撞容器的壁面，此時，容器壁面的單位面積所受的作用力稱為壓力。

 ## 氣體的體積與壓力之間的關係？

將一定量的氣體注入注射器，施加力量將活塞按下去的話，氣體在注射器裡的空間會縮小，然後每單位面積的氣體分子互相碰撞的次數會提高，氣體的壓力會增加。也就是說，氣體所占的體積如果減少則壓力會增加，而體積如果增加則壓力會減少，兩者間呈現反比的關係。

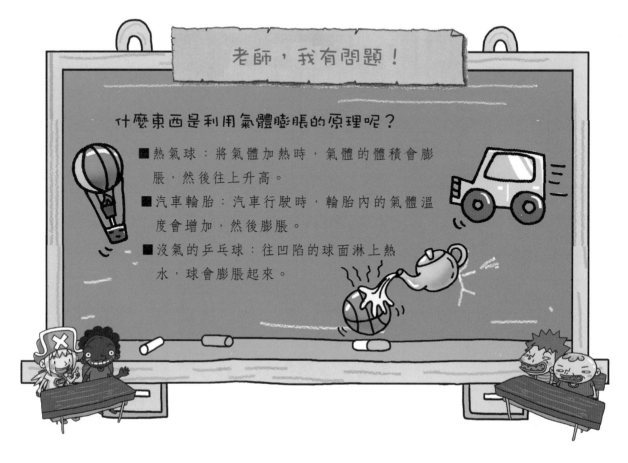

老師，我有問題！

什麼東西是利用氣體膨脹的原理呢？

■ 熱氣球：將氣體加熱時，氣體的體積會膨脹，然後往上升高。
■ 汽車輪胎：汽車行駛時，輪胎內的氣體溫度會增加，然後膨脹。
■ 沒氣的乒乓球：往凹陷的球面淋上熱水，球會膨脹起來。

氣體的壓力與分子數的關係？

　　氣體的壓力與容器裡碰撞壁面的分子數成正比。因此，在容器裡面放入越多的氣體分子，壓力也會隨之增加。

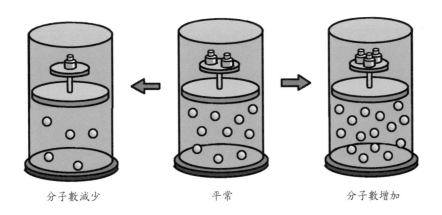

分子數減少　　　　　　　平常　　　　　　　分子數增加

 ## 氣體的壓力與溫度的關係？

　　氣體的分子總是一直在運動，所以，分子會碰撞容器壁面並且產生壓力。如果溫度上升，氣體分子的運動會變得更加活潑，碰撞壁面的次數也會更加頻繁，氣體的壓力則會增加。

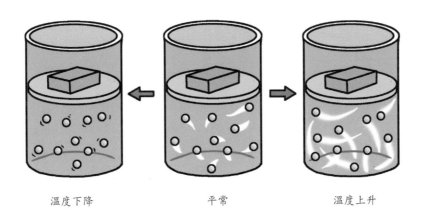

溫度下降　　　　　　　平常　　　　　　　溫度上升

教學實驗室　在玻璃瓶裡吹氣球

來吧，又到了我們做實驗的時間囉！

今天要做的是與空氣的壓力和體積有關的實驗。

嗯…好像很難的樣子…

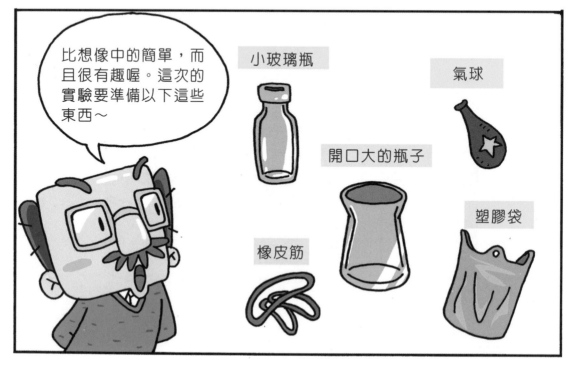

比想像中的簡單，而且很有趣喔。這次的實驗要準備以下這些東西～

小玻璃瓶

氣球

開口大的瓶子

塑膠袋

橡皮筋

第一個實驗是將氣球放進小玻璃瓶內

氣球的開口套住瓶口。

好了！你來吹看看這個氣球。

吹了氣球要做什麼呢？

吹

用力……

累死了…氣球怎麼吹不起來呢？

呵呵～那這一次試試塑膠袋吧

將開口大的瓶子套上塑膠袋，而且裡面要與瓶子壁面緊貼。

緊貼一點，盡量不要有空氣跑進去。

瓶口的塑膠袋外翻，並且用橡皮筋套牢

橡皮筋

把手伸進瓶內，試著將塑膠袋拿出來，注意不要撕破喔～

看看你行不行？

您在開玩笑嗎？這麼簡單的事情。

咦？

奇怪了！塑膠袋怎麼拿不起來呀！！

　　玻璃瓶與氣球之間有空氣，但如果想用嘴巴吹氣球，必須減少玻璃瓶與氣球之間的空氣體積才行，也就是增加玻璃瓶與氣球之間的空氣壓力。因此，吹氣球時必須夠用力才能贏過玻璃瓶與氣球之間的空氣壓力，然而，用嘴巴無法吹出那麼大的空氣壓。

　　至於另一個實驗，玻璃瓶與塑膠袋之間有空氣，將塑膠袋拿出來時需要增加玻璃瓶與塑膠袋之間的體積，但空氣壓力也會隨之減少。所以，除非撕破，否則很難將塑膠袋拿出來。

葛利克（Otto von Guericke, 1602～1686）

出生於德國馬德堡的葛利克，是最早成功製造出真空的科學家。葛利克一開始是在葡萄酒空木桶外面塗了瀝青（褐色焦油的物質），然後為了讓木桶裡面不要有任何空氣，所以先裝滿了水，利用裝置在木桶下方的黃銅泵將水抽到另一個桶內。不過，在抽水過程之中，木桶破裂了。

在那之後，他以厚厚的金屬製成球形容器以代替木桶，並且改良抽氣機，成功製造了真空。後來，葛利克將兩個銅半球密合在一起，將球中的空氣抽出，製造成真空之後，結果發現需要很大的力量才能將這兩個半球給分開來。

在1654年，葛利克擔任馬德堡市長期間，邀請了神聖羅馬帝國皇帝費迪南三世觀看他在雷根士堡郊外表演的真空實驗。葛利克製造了兩個直徑33.6cm的空心銅半球，把這兩個半球密合在一起，將球中抽成真空。球外表有鐵鉤，以繩索連結，試著用馬匹分兩邊來拉開這金屬球。

雖然用了四匹馬，但是一開始未能如期拉開金屬球，過了很久的時間，才終於一面傳出很大的響聲，並分開成兩個半球。在場觀看的國王與國會的眾多觀眾都不禁發出了驚訝的讚嘆聲。

打開新買的網球球罐的蓋子時，為什麼會發出「砰」一聲呢？

為了增加網球彈性，會在球體內灌入比大氣還更高壓的空氣。然而，就如同氣球灌飽之後放置一、二天會漏氣，網球也是一樣，球體內高壓的空氣會穿透橡膠往外漏出一點點的氣。因此，為防止網球球體內的空氣外漏，裝網球的球罐裡會灌入高壓的空氣，所以打開蓋子的時候由於與大氣壓力有壓差，會聽到空氣跑出來的「砰」聲。

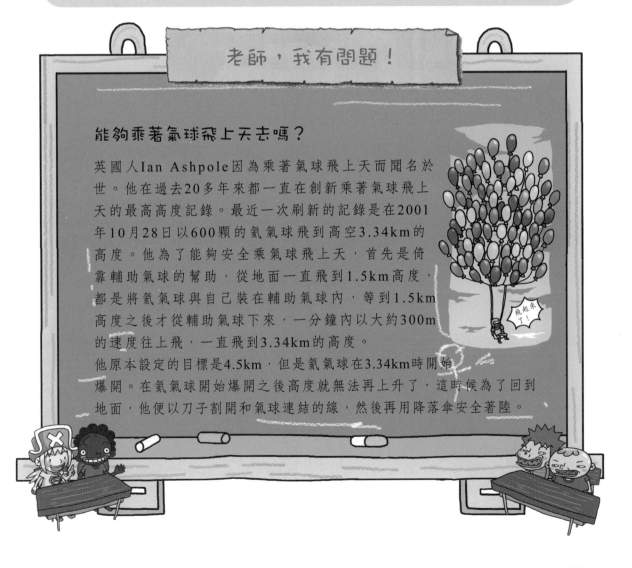

老師，我有問題！

能夠乘著氣球飛上天去嗎？

英國人Ian Ashpole因為乘著氣球飛上天而聞名於世。他在過去20多年來都一直在創新乘著氣球飛上天的最高高度記錄。最近一次刷新的記錄是在2001年10月28日以600顆的氦氣球飛到高空3.34km的高度。他為了能夠安全乘氣球飛上天，首先是倚靠輔助氣球的幫助，從地面一直飛到1.5km高度，都是將氦氣球與自己裝在輔助氣球內，等到1.5km高度之後才從輔助氣球下來，一分鐘內以大約300m的速度往上飛，一直飛到3.34km的高度。

他原本設定的目標是4.5km，但是氦氣球在3.34km時開始爆開。在氦氣球開始爆開之後高度就無法再上升了，這時候為了回到地面，他便以刀子割開和氣球連結的線，然後再用降落傘安全著陸。

飛起來了！

可以從汽水分離出碳酸嗎？

我搖～我搖～

冰塊

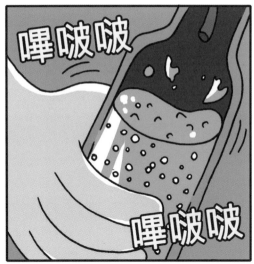

嗶啵啵

嗶啵啵

灌氣～

灌氣

啵～

門開

我回來了！
你沒偷喝我的汽
水吧？

咦？沒喝…但是
怎麼都沒氣了？

喔耶～碳酸的
快感～

我是無色無味無臭的氧氣，而且是不容易溶於水的氣體。我由2個氧原子（O_2）所組成。尷尬的是，我的重量比空氣還重一些呢，但我的影響力可是大到令人難以置信的喔！所有生物呼吸的空氣之中，我可是佔有第二大量的氣體，通常我在空氣中佔有21%左右的量，萬一我降到了16%以下時，人類就無法呼吸了。我是從綠色植物的光合作用中產生的，因此，如果沒有綠色植物，就不會產生我囉。

我並不會自燃，但我可以幫助其他物質燃燒，扮演重要的角色。總而言之，如果沒有我，就不能燃燒起火了。

 ## 氧氣的發現

氧氣是存在於地球上的大量元素，是由英國的科學家約瑟夫·普利斯特列（Joseph Priestley）於西元1774年所發現的。另外，有一位瑞典人卡爾·威廉·舍勒（Karl Wilhelm Scheele）在1773年亦曾發現此元素。普利斯特列將這新發現告訴了拉瓦錫（Antoine Laurent Lavoisier），拉瓦錫透過實驗確認了這種獨特氣體是新元素，拉瓦錫於西元1778年將這氣體命名為「氧氣」。

 ## 當過氧化氫分解時？

過氧化氫會自行分解成水和氧氣，但因分解反應的速度非常的緩慢，所以實際上幾乎看不見有分解反應。因此，為了幫助快速反應，會使用催化劑的方法，就能觀察到快速反應的情況。在我們使用雙氧水塗抹於傷口消毒時，會產生泡沫，就是因為血液中的酵素使過氧化氫加速分解的反應。

過氧化氫→水+氧氣

我是碳酸，各位在喝可樂之類的碳酸飲料時，會感覺到氣泡的清涼快感，就是因為有我的關係喔，我是二氧化碳溶於水之中所產生的碳酸分子（H_2CO_3）。

我在水中可以分離成氫離子（H+）和碳酸根離子（CO_3^{2-}），呈弱酸性。請別擔心，因為是弱酸，所以喝進喉嚨時只會感覺一點點刺激，不會對身體有害。因為我有這種氣泡的清涼快感，汽水和可樂等等的碳酸飲料都少不了我的存在。試想，如果可樂沒有氣泡的清涼感，還算是可樂嗎？

但是有一件事令我很傷腦筋，當我溶於水中時，二氧化碳總是想要遠離我。所以，當可樂一旦開瓶之後，二氧化碳會很快跑掉，就沒氣了。

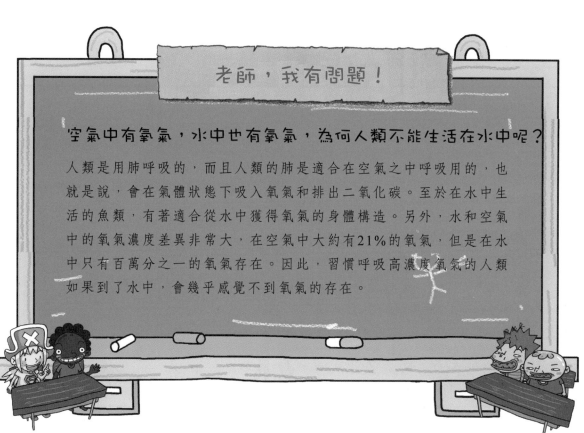

老師，我有問題！

空氣中有氧氣，水中也有氧氣，為何人類不能生活在水中呢？

人類是用肺呼吸的，而且人類的肺是適合在空氣之中呼吸用的，也就是說，會在氣體狀態下吸入氧氣和排出二氧化碳。至於在水中生活的魚類，有著適合從水中獲得氧氣的身體構造。另外，水和空氣中的氧氣濃度差異非常大，在空氣中大約有21%的氧氣，但是在水中只有百萬分之一的氧氣存在。因此，習慣呼吸高濃度氧氣的人類如果到了水中，會幾乎感覺不到氧氣的存在。

今天我們來製造氧氣吧～

嗯？氧氣要如何製造呢？

只要準備以下這些東西就可以囉！

96孔盤

滴管

6mm 吸管

過氧化氫（雙氧水）

碘化鉀

香

試管

馬鈴薯碎塊

將3支試管插在96孔盤上

第1支試管裡面不要放任何東西

空～

空～

第2支試管裡面滴入碘化鉀

第3支試管裡面放馬鈴薯碎塊

然後每支試管裡面都滴入1滴的洗衣精（液狀）。

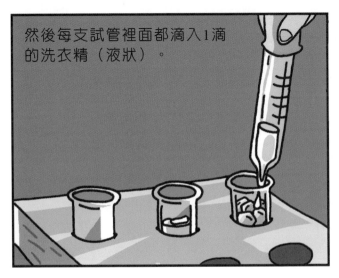

博士，怎麼都沒有反應呢？

嗯？

只放了洗衣精，怎麼可能會產生氧氣？

6mm吸管

請在每支試管上面都插一根6mm吸管。

試管

還是沒有反應啊…博士。

也只是再多插吸管而已，怎麼會有反應！！要放雙氧水才行！！

滴入10%濃度的雙氧水大約0.5mL到每支吸管裡面，然後請觀察反應～

哼！要放的東西還真不少～

咦？

啊哈～
原來如此

　　催化劑是用來幫助加快反應速度的物質，在這個實驗裡，碘化鉀讓雙氧水更加快速分解以產生氧氣，而馬鈴薯則是因為含有酵素，也是會讓雙氧水更加快速分解。

　　當香放進氣泡之中的時候，香會燃燒更旺盛，這是因為有氧氣的關係。燃燒的要素之一是氧氣，如果氧氣的量多，可燃物就會更加快速反應，發出更亮的火光，燃燒也會更激烈。

空氣中的氧氣濃度如果再更多，我們在草地裡常會看到的瓢蟲有可能會長到令人害怕的龐大程度。根據近幾年的科學研究，有部分昆蟲在古生代末期時的體型比現在更大，這是因為當時的氧氣供給比較豐富的緣故。

大約3億年前的古生代，有大量的巨型植物存在，而且古代大型昆蟲也是非常繁盛，例如曾有翅膀長度達2.5呎的蜻蜓的存在。這個時期的空氣含氧量是35%，但是現代已降到21%以下，研究的學者主張是因為當時高濃度的氧氣使昆蟲可以長得如此巨型。

昆蟲並不像我們人類的呼吸方式，並非以血液循環來運送氧氣，他們是透過遍布身體的微型氣管直接吸收氧氣，然後排出二氧化碳，所以昆蟲等於是全身都在運送氧氣和排出二氧化碳，這樣的呼吸系統稱為氣管系。隨著昆蟲的成長，昆蟲身上的微型氣管也會更大且更多，以滿足對氧氣的需求。

不過，依照目前的空氣含氧量為21%來看，人類很幸運，應該還不會遭遇到巨型昆蟲的威脅。

饒…饒命啊…

拉瓦錫（Antoine Laurent Lavoisier, 1743～1794）

拉瓦錫是法國化學家，他確立了新的燃素理論，普利斯特列所發現的氧氣是由他實驗證明而且命名的。

拉瓦錫發現，空氣具有兩種的氣體，一個是被用於燃燒和呼吸的物質——氧氣，另一個則是無助燃性的氮氣。

拉瓦錫並不是氧氣的發現者，但是他確認了氧氣的真相，是第一個為氧氣命名的化學家。

電影中的科學

幻魔大戰（Harmagedon）

大小如同美國德州的一顆行星朝著地球就要衝撞過來了，此時美國太空總署的丹局長想到了一個方法，如果試著將這行星鑽出長達800呎的深洞，在行星內部放置核彈之後引爆，或許就能讓行星爆開來，不致於撞上地球。於是，丹局長請求世界最厲害的油井挖掘專家亨利鑽洞到行星的核心安裝核彈，再飛回來地球。

> 不對哦～

所以，亨利和同事先接受外太空飛行的訓練，再搭乘太空船到這顆小行星去。

在幻魔大戰這部電影之中，太空船緊急降落之後太空船著火了，但是，有可能發生這種事嗎？

答案是在沒有氧氣存在的外太空裡，是不可能會著火的，應該要有氧氣，才可能燃燒起來。

用放屁捕捉大巨人！

很久以前，有一個邪惡的巨人名叫「大巨頭」

巨人到處搶奪各個村落，令人類非常痛苦。

呃啊啊啊！救命呀…

這個邪惡的巨人越來越兇暴

呃啊啊啊

後來，他來到了阿銀居住的村落裡。

哎呀！糟糕了！

我們不能眼睜睜看著咱們的村落也遭殃。

應該要好好想個辦法。

但是這怪物這麼巨大，有什麼辦法可以擊敗他呢？

說的也是啊…想不出有什麼方法…。

我們到底該怎麼辦呢？

蕃薯

嗯～

啊哈，有了～

咦？

爺爺～我想到了，吃蕃薯會放屁，所以有個好點子…。

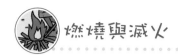 燃燒與滅火

　　燃燒必須具備三個條件：可燃物、氧氣、溫度。如果這三個條件有任何一個條件不足，就無法燃燒起來，就算點燃了也會很快熄滅。所以說，假使有地方發生火災，可以移除易燃的物質，或將泡沫形式的二氧化碳噴灑在燃燒物上以隔絕氧氣，或者灑冷水使溫度下降，皆能達到滅火的目的。

 二氧化碳

　　二氧化碳是由一個碳原子跟二個氧原子所形成。生物呼吸或是燃燒時會產生二氧化碳，其無法與氧氣發生反應，因此可以用來做滅火的材料。在大氣中、室溫狀態下，二氧化碳是以氣體形態存在，所以如果是固態二氧化碳—乾冰，在空氣中放置時，乾冰很快就會昇華為氣體。

　　二氧化碳溶解於水中會變成碳酸，當我們喝到溶有二氧化碳所製成的汽水時，會有氣泡在嘴裡跳動的清涼感覺。

　　二氧化碳的運用

筆記超人

■ 因二氧化碳具有不助燃的性質，常被使用於滅火器。
■ 乾冰在大氣中會由固態二氧化碳昇華而變成氣態二氧化碳，在昇華的同時，能夠降低周圍溫度，因此可以用來保存冰淇淋，或者用來防止食物腐敗。
■ 利用乾冰昇華變成氣態二氧化碳的性質，可以用來製造煙霧，當昇華時周圍空氣溫度降低，水氣變成霧滴，就會形成煙霧。因此，如果要以煙霧來造出某種舞台氣氛效果時，經常都會使用乾冰來作為道具。
■ 二氧化碳溶於水中，可製成碳酸汽水。
■ 植物行光合作用時會吸收二氧化碳製造氧氣和植物的養分。

揮發是指在一般溫度下液體變成氣體的一種現象。另一個類似的用語為蒸發,但是比蒸發還更容易由液體變成氣體時就使用揮發這個用語。因此,容易從液態快速變化成氣態的性質被稱為揮發。

汽油為揮發性物質中的代表,在室溫下,汽油很容易由液態變成氣態。在一般情況下,使物體燃燒的必要條件是可燃物、足夠的氧氣、溫度需達到燃點。當揮發性液體受熱時在表面會揮發成蒸氣,並與空氣混合,此時若有微小火源接近時,燃點低的物質就會燃燒起來,而汽油燃點低,容易揮發產生蒸氣,故汽油經常容易引發火災。

製作簡易的滅火器

博士，您在煩惱什麼嗎？

嗯…

好吧，今天我們來做簡易的二氧化碳滅火器吧！

我們來確認一下該準備的物品～

早知道就別問了…。

蘇打粉

小塑膠杯

油黏土

錐子

醋

開口大的塑膠瓶

吸管

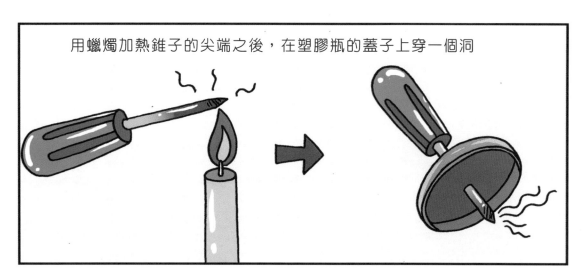

用蠟燭加熱錐子的尖端之後，在塑膠瓶的蓋子上穿一個洞

把蘇打粉倒入瓶子裡～

倒入兩倍的水～

把醋倒在小杯子裡，

好像烹飪課喔…。

慢慢的把醋放在大瓶子裡～

將吸管插入蓋子的洞裡，用油粘土把細縫填補起來，就完成了～！

油黏土

• • • • • •

我來點火，你負責搖晃那東西～。

這個真的是滅火器嗎？

那我們到外面實驗看看吧！

呵呵呵 呵呵

啊哈～
原來如此
！

　　蘇打粉裡的碳酸氫鈉如果加熱，會分解產生二氧化碳，就可以使麵包膨脹。若是碳酸氫鈉和醋裡的醋酸反應，也會產生二氧化碳。上述的實驗裡，扮演滅火角色的是被二氧化碳推擠噴出去的水，但是實際現實生活中的滅火器則是利用二氧化碳氣泡噴灑到火上滅火。

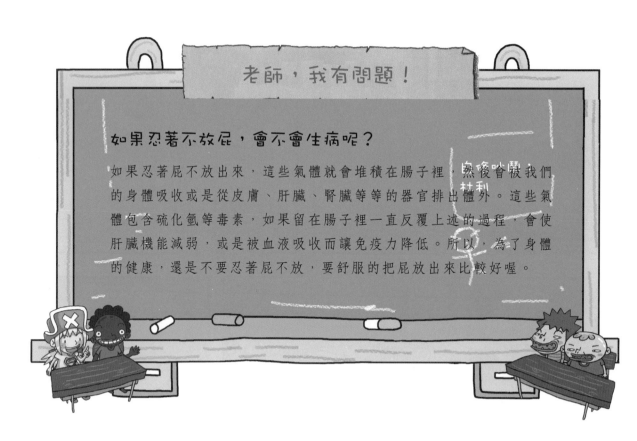

如果忍著不放屁，會不會生病呢？

如果忍著屁不放出來，這些氣體就會堆積在腸子裡，然後會被我們的身體吸收或是從皮膚、肝臟、腎臟等等的器官排出體外。這些氣體包含硫化氫等毒素，如果留在腸子裡一直反覆上述的過程，會使肝臟機能減弱，或是被血液吸收而讓免疫力降低。所以，為了身體的健康，還是不要忍著屁不放，要舒服的把屁放出來比較好喔。

電影中的科學

阿波羅十三號的二氧化碳濃度問題

我們呼吸所排出的二氧化碳，會透過植物進行光合作用，或者溶解在海水中被浮游植物吸收，就會自然排除掉二氧化碳。但是在太空船這種密閉的空間裡，如果二氧化碳濃度過高，對於生活在太空船裡的太空人而言，是非常危險的事。為了減少太空船裡的二氧化碳，都會裝置氫氧化鋰空氣清淨器以去除二氧化碳。

在電影阿波羅十三號劇中，為了減少太空船裡的二氧化碳含量，使用了類似馬蓋先獨創的方法，解決問題之後，終於平安無事回到地球上。

新聞中的科學

碳隔離

所謂的碳隔離，是將發電與各種產業活動所產生的二氧化碳直接收集起來，儲存到碳酸鹽等適當的儲槽或是特定的地底空間裡。二氧化碳占全球溫室氣體的排放量的70%以上，所以，在抑制與消除溫室氣體時，減少二氧化碳乃是首要的目標。大氣每年大約累積120億噸的二氧化碳。目前許多政策雖然鼓勵發展清淨且可再生的能源，但它的經濟效益至今還尚未被人肯定。因此，雖然碳隔離不是萬靈丹，但是先進國家政府和企業還是爭相研究以減少溫室氣體，認為這與增加國家競爭力有很大的關聯。

讓爸爸笑起來的「笑氣」

你這小子～跟你說過不要隨便亂噴…！

呵呵～

噴噴

噴噴

你給我站住！！

哇哈

哈哈哈哈

對了～我看爸爸最近精神不佳，應該要給他用。

顫抖

顫抖

顫抖

還有沒有其他東西可以用呢…？

喔！！氦氣～！！

吸入式氦氣

大口吸～

哈！沒有什麼～威道（味道）～

啊…聲音變成高八度了…。

呵呵呵～把兩種混合在一起！！

當天晚上

爸爸您回來啦～

抖抖～

抖抖～

爸爸！這個您吸看看～

第1個元素—氫氣

在元素週期表中第1個元素是氫氣，其為存在於地球上的最輕的元素，以H來表示元素符號，是由一個質子和一個電子所組成。

氫氣燃燒後，只會產生水，並不會製造污染物質，因為它可以成為無公害燃料而備受世人矚目。同時，它的燃燒熱量也具有很大的優勢。值得一提的是，氫氣非常難以儲存和搬運，具有爆炸的危險性，為了解決此問題，全世界正在積極的研究中。

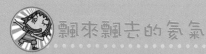
飄來飄去的氦氣

氦氣屬於元素週期表第18族元素，為惰性氣體，很少與其他元素反應。氦由一個原子構成分子，是目前存在的元素之中沸點最低的物質，常被使用於極低溫的學術研究中。

氦氣比空氣輕，不會燃燒，可以注入到飛行船或氣球中。此外，氦氣在水中的溶解度比氮氣還小，所以將其和氧氣混合一起裝進潛水用的空氣瓶裡，此混合物有助於改善潛水夫病的發生機率。

怎麼可以就這樣飄走…

讓心情變好的氧化亞氮

如果吸入氧化亞氮（俗稱笑氣）會使人發笑，也會讓人心情變好。
實際上，氧化亞氮適用於治療嚴重疼痛的病患，也廣泛用於牙科。
氧化亞氮是西元1772年由英國化學家普利斯特里（Joseph
Priestley）發現的。20餘年後，英國的牙醫師戴比（Humphry
Davy）因為氧化亞氮可以阻隔疼痛，而將氧化亞氮用於手術中。
這種氣體實際被使用在醫療方面是在1840年代。
美國的牙醫師威爾斯（Horace Wells）以自己做實驗，使用這種氣
體拔除了自己的智齒，手術成功後，笑氣被開始廣泛使用於鎮痛劑
和麻醉藥用途。
氧化亞氮會使人昏昏欲睡，影響神經系統，變得沒有意識而不會感
到疼痛。同時血液中的氧氣含量會減少，導致氧氣不足而感到暈
眩。因為這個原因，吸入氧化亞氮會讓人感覺心情十分愉快。

今天要做雞蛋氫爆彈的實驗～

需準備裝有稀釋鹽酸的寶特瓶

用錐子在寶特瓶的蓋子上鑽一個洞，再將橡皮管插入洞口。

將橡皮管一邊的末端放入水與洗衣粉混合的容器裡

水+洗衣粉

在瓶中放入鋁箔紙碎片後，再將插有橡皮管的瓶蓋蓋上。

水+洗衣粉

鋁箔紙碎片

然後，水與洗衣粉混合的容器裡就會開始出現泡沫

利用點火器靠近泡沫點火的話

嘶～

蹦！！

碎！

咳、咳～確實產生了氫氣沒有錯！

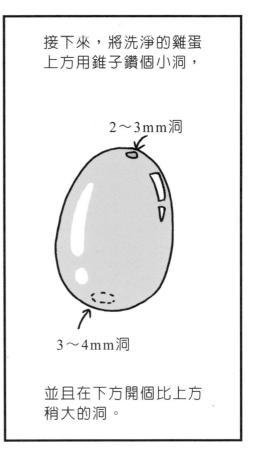

接下來，將洗淨的雞蛋上方用錐子鑽個小洞，

2～3mm洞

3～4mm洞

並且在下方開個比上方稍大的洞。

接著用嘴巴對著上方的開口用力吹氣，以去除蛋液，

噴出～

蛋液

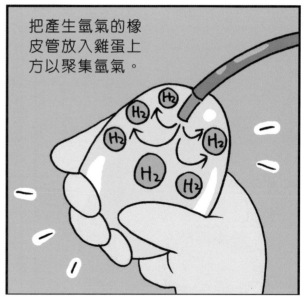

把產生氫氣的橡皮管放入雞蛋上方以聚集氫氣。

H_2 H_2 H_2 H_2 H_2 H_2

然後很快地拔掉橡皮管，並用手指蓋住上、下方的洞。

壓緊

H_2 H_2 H_2

將準備的紙杯底部用錐子穿透一個小孔

鑽～

把穿孔的紙杯放到架子上，並將雞蛋直立在紙杯內，等待約30秒左右。

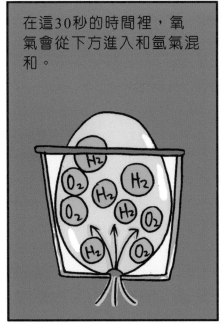

在這30秒的時間裡，氧氣會從下方進入和氫氣混和。

好啦～時間到了，準備點火器

如果把點火器靠近上孔的話～

點火！

碎～

天啊…蛋殼都被炸碎了…。

啊哈～原來如此

　　鹽酸和鋁發生反應時，便會產生氫氣，而氫氣如果和空氣中的氧氣燃燒時，會產生劇烈反應並且同時生成水。

　　氫氣具有容易燃燒的性質，但若沒有氧氣，就絕對不會燃燒起來。因此，在這個雞蛋氫爆彈的實驗之中，需要等待30秒的時間，好讓氫氣和氧氣充分混合在一起。

填充餅乾袋的氮氣可由氦氣取代嗎？

若將食物放在空氣中會很快氧化並且腐敗，便無法再食用。為解決這種問題，會利用反應性比較弱的氣體來保存食物。

當我們買了一大袋的餅乾，然而實際上餅乾的量比起袋子卻少了許多，或許有時會感到有些失望吧。不過，會這麼鼓的原因，是因為在包裝餅乾時填充了氮氣在餅乾袋裡的關係。氮氣是無色、無味、無臭的氣體，雖然和氧一樣都是大量存在於空氣中的氣體，但是反應性與氧不同，氮氣的反應性非常小。因此，在餅乾袋裡填充氮氣，能防止餅乾的氧化，並且能避免在流通過程造成餅乾壓碎。

氦氣是反應性最小的氣體，照理說也能使用氦氣來填充餅乾袋。可是氦氣比空氣輕，會產生飄浮到空中的問題，所以不能使用於餅乾袋的填充。

 ## 氫氣飛行船的爆炸

長度245m、寬度41m的大型飛行船—興登堡號，刻著希特勒納粹黨的象徵「鐵十字」的標誌，是早期空中飛行物中最巨大的飛行體，並創下了第一個可以載人的飛行體的記錄。而且興登堡號的飛艇製造技術是世界最強的，也一直是德國引以為豪的地方。但這艘豪華飛行船在橫渡大西洋之後到了美國，於新澤西州機場嘗試著陸的瞬間，因發生爆炸整個墜落下來。這個事故造成搭乘該飛行船的97名乘客中，有36名死亡。這是發生在西元1937年5月6日的事，德國所自豪的興登堡號發生空中爆炸事故，被視為是20世紀最為悲慘的事故之一，而且在這之後，飛行船時代宣告結束。

這件悲慘事故的直接原因，是因為飛行船裡裝的並非是安全的氦氣，而是易爆炸的氫氣。

當時能夠大量生產氦氣的僅有美國，但是美國怕德國將氦氣使用於軍事，所以不賣氦氣給德國。

氫氣即使遇到非常小的火苗，也具有爆炸的危險性，但是據說在興登堡號上甚至竟然還有設置吸煙室。

老師，我有問題！

氮氣可以使用在什麼地方呢？

氮氣這種氣體經常被使用於我們的日常生活之中，最容易見到的就是我們常接觸的真空包裝餅乾袋。

所有的餅乾袋都會填充氮氣，這是為了防止食物腐壞，因為餅乾遇到氧氣會被氧化而且口感亦會變質，所以才會填充氮氣在餅乾袋裡，一般常見的牛奶包裝也會填充氮氣，以確保牛奶新鮮不易腐壞。

不僅如此，望遠鏡的鏡頭保存也會使用氮氣。

13. 氣體的運動

分子的運動

連透明人也洩露了蹤跡

傳說中的透明人盜賊「掃光」～

他會在偷東西之前，預告前來偷竊的日期與時間，

在X月X日將會帶走「跳舞貓」這幅畫
——掃光留

但直到現在都沒有任何人見過他的長相模樣。

東西就憑空消失了…。

沙～

而今天，就是他預告「博士城」的寶物「猴聖杯」將被帶走的日子。

博士城

真糟糕，難道都沒有人想出好辦法嗎？

......

完全沒辦法了嗎！！

呵…我有辦法抓到他。

有沒有人想出辦法呢？

你…你就是那位有名的偵探王～！！

請…請問你要怎麼抓到他呢？

請將聖杯放到這犯人最難拿到的地方。

然後在聖杯的四周放置數瓶鹽酸，就可以了。

僅…僅僅這樣做就能夠抓到他嗎？

163

分子的擴散運動

我們都知道，若在房間裡面放一朵花，剛開始的時候花香雖然只會出現在花朵的周圍，但漸漸地，花香就會充滿整個房間。這是因為含有香氣的分子自由地運動，與空氣均勻混和的關係。依據不同的密度和濃度，構成物質的分子間自由地運動並且混和在一起的現象，就稱之為擴散。

如果在裝水的杯子裡滴入一滴墨水，墨水會散開，最後會與水均勻混合在一起。一開始的時候，墨水滴落的地方濃度較濃，周圍有些地方沒有墨水，等到漸漸擴散開來，杯中各個角落的墨水濃度就會相同了。因此，所謂擴散就是濃度高的一邊往濃度較低處移動的現象。

漸漸擴散～

什麼時候會容易發生擴散呢？

擴散是由於分子運動而產生的現象，而影響分子擴散的因素包含了介質、分子重量和溫度。因此，空氣比水的擴散速度快，而真空又比空氣的擴散速度還要更快。還有，分子的重量越輕，擴散越快。溫度如果升高，分子的運動會更活潑，擴散速度會更快。

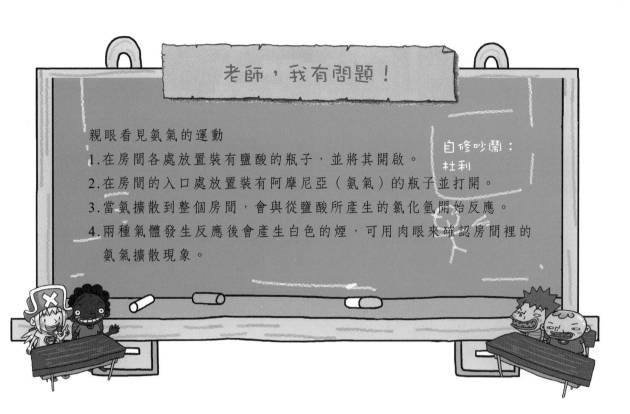

老師，我有問題！

親眼看見氨氣的運動

1. 在房間各處放置裝有鹽酸的瓶子，並將其開啟。

2. 在房間的入口處放置裝有阿摩尼亞（氨氣）的瓶子並打開。

3. 當氨擴散到整個房間，會與從鹽酸所產生的氯化氫開始反應。

4. 兩種氣體發生反應後會產生白色的煙，可用肉眼來確認房間裡的氨氣擴散現象。

自修吵鬧：
杜利

酸性物質與鹼性物質的舉例

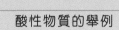
筆記超人

酸性物質的舉例	鹼性物質的舉例
檸檬汁，食用醋，橘子果汁，酸雨，胃液，汽水，可樂，柚子茶，蘋果汁	漂白水，肥皂水，化妝水，制酸劑，洗髮精，潤髮乳，蘇打粉，消毒水，竹炭水，染髮劑

萬用指示劑

指示劑會隨著酸鹼性而變色，是能夠簡單就知道液體酸鹼性的藥劑。指示劑有瑞香草酚藍、甲基紅、溴瑞香草酚藍（BTB）、酚酞指示劑、石蕊等，這些指示劑隨著不同的酸鹼度其顏色的變化程度也都不相同。萬用指示劑稱作「萬用」是因為它在各種酸鹼度中均能發揮指示效用，不像一些有範圍限定的指示劑，是一種能測出廣範圍pH值的指示劑。

鹽酸與氨的賽跑

各位～雖然可以很容易用肉眼確認液體的擴散,但是氣體的擴散卻不容易看到!

今天我們要做的實驗是觀察氣體如何擴散喔!

躡手躡腳

阿銀!你想來看看嗎?

蜷縮～

來嘛…別這樣,幫我拿點冷水和熱水～

在冷水與熱水中分別滴入水性墨水，

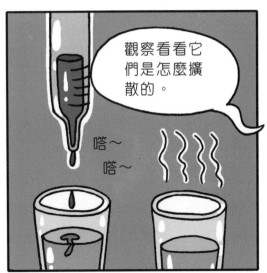

觀察看看它們是怎麼擴散的。

喀～喀～

冷水

熱水

熱水的擴散速度比較快！

但光是這樣，要如何看到氣體的擴散呢？

啊～這是在觀察液體的變動，

氣體擴散的實驗現在就開始。

呃……。

這一次，需要準備這些東西。

透明吸管

萬用試紙

稀釋鹽酸

氨水

棉花棒

撕一小段的萬用試紙，比吸管稍短即可，

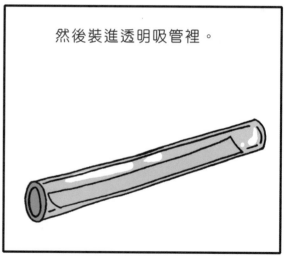

然後裝進透明吸管裡。

現在可以開始看氣體的移動了！

將兩根棉花棒分別沾上稀釋鹽酸及氨水後，

稀釋鹽酸

氨水

同時在吸管的兩端塞入棉花棒～

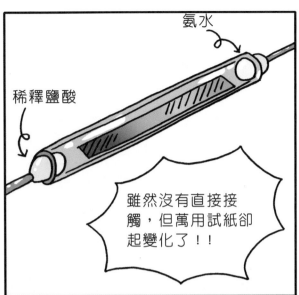

氨水

稀釋鹽酸

雖然沒有直接接觸，但萬用試紙卻起變化了！！

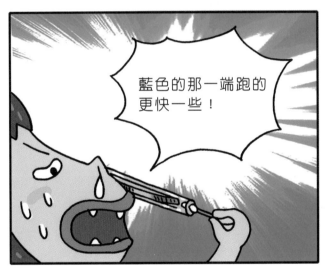

藍色的那一端跑的更快一些！

因為氣體移動的速度不一樣啊～

嗚哇～好神奇！

啊哈～原來如此

　　從鹽酸揮發出來的氯化氫，以及從氨水揮發出來的氨氣，雖然在吸管裡面擴散開來，但是因為眼睛看不見的關係，很難知道它移動多快。因此，在這個實驗裡，利用兩種氣體的酸鹼特性，以萬用試紙來觀察兩氣體擴散的情況。萬用試紙是沾有各種指示劑的紙張，若是遇到酸性的鹽酸，試紙會變紅色；若是遇到鹼性的氨，試紙會變藍色。

　　在這個實驗可以觀察到，氨水比鹽酸跑得更快，使藍色端迅速擴散，因此可以推測氨氣的擴散速度比氯化氫氣體還要快速。

要先裝冷水還是先裝熱水呢？

　　當我們在飲水機將冷水和熱水裝到杯子裡的時候，會發現到很有趣的一個現象，如果先裝熱水再裝冷水，水很快就會混合成溫水，但是如果先裝冷水再裝熱水，兩種水就不太會混合，必須搖晃杯子才能混合。為什麼會發生這種現象呢？

　　首先，請準備：容易溶於水的紅色水性顏料與藍色水性顏料、四個杯子。第一個杯子裝熱水，然後加入紅色顏料攪拌均勻。第二個杯子裝冷水，然後加入藍色顏料攪拌均勻。第三個杯子先倒入剛剛製作的紅色熱水，再慢慢倒入藍色冷水，這時會發現到兩者之間很快出現漩渦，同時紅色熱水一直往上升，而藍色冷水則是往下沈。然而，如果在第四個杯子先倒入藍色冷水，再倒入紅色熱水，那麼兩者之間並不會出現什麼漩渦，可以發現到兩者混合的速度較慢。

　　一般來說，水受熱時，水分子的移動變快，分子之間的距離會變大，這時密度會變小。而密度小的物質一般都會比密度大的物質更輕。所以，熱水在上方時比較不會混合，但是熱水在下方時卻會往密度大的冷水移動，也就是往上移動，就會很快混合在一起了。

移動的花粉──布朗運動

　　西元1827年，英國的植物學家勞伯・布朗（Robert Brown）以顯微鏡觀察浮在水面上的花粉時，發現到花粉會在水面上呈現不規則的運動。當時許多學者認為這移動現象是因為花粉的特別生命力所造成的。但是在西元1872年，法國的Delso等人主張這是熱運動造成液體分子移動衝撞到花粉粒子的表面所引起的現象。也就是說，較大的粒子即使周圍液體分子不規則的衝撞，物質不會移動，但是如果是很小單位的粒子，不規則的衝撞後，粒子會跟著移動。我們透過布朗運動可以了解到，粒子的運動永不停止。

 我正在運動～

下午傍晚很想吃零食的時候，只要聞到麵包香味，就會禁不住香味的誘惑而進到麵包店去消費了，為什麼會這樣呢？這是因為麵包香味的分子擴散到空氣之中，刺激到我們鼻子的緣故。什麼樣的因素會影響分子運動的速度呢？分子之間引力最強的是固態，其次是液態，引力最小的是氣態，因此，在氣體狀態時，分子的運動最為活潑。擴散的現象不需外力供給能量，會自動由濃度高的地方擴散到濃度低的地方，由此可以證明分子是會自由運動的。而液體表面分子間引力減少而成為氣體的現象，也證明了分子會自由地運動。

 大家聽我說！

格雷姆（Tomas Graham, 1805～1869）

英國的化學家格雷姆在西元1831年發表了氣體擴散速度的法則。他主張氣體的擴散速度如果是在固定的溫度和壓力時，該物質的密度越小，擴散速度越大。

在雪屋上方製作泡泡天窗

哎呀…我在北極迷失方向了…

腿軟

看來我必須先做個雪屋才行了！

冷死我啦～

喀啦~
喀啦~

很好,雪屋總算完成了!!現在進去休息一下。

氣 喘 呼 呼

且慢!如果我進到裡面,救援隊要是經過,我豈不是就錯過了!!

嗯…如果屋頂能做成透明的,那麼…

把屋頂的部分拿掉…

丟

東翻~
西找~

鏘 嘟

太好了~有弓和洗潔精!!

洗潔精

175

　　肥皂泡是人類肉眼能看到的物質中，厚度最薄的東西，其厚度僅為1μm（微米，1μm＝1/1000㎜）。當光線照到這層薄薄的膜的時候，我們可以看到在肥皂泡泡的表面上，顏色會不停的變化。泡泡的顏色五彩繽紛，主要是因為光線進入泡泡的膜後，產生了「反射」、「折射」和「干涉」的現象。也就是說，膜表面和膜內部反射的光波產生不同的反射狀況，二次反射的光重疊後，就會產生「干涉」，不同的干涉結果就產生了不同顏色的光了，而且只要泡泡膜的厚度稍有變化，光的顏色就會跟著變化。

 什麼是界面活性劑？

　　即指溶於液體時，能夠使溶液的表面張力明顯減少的物質。界面活性劑是一種同時具有「親水基」和「疏水基」結構的有機化合物，肥皂、清潔劑、化妝品等大都含有界面活性劑之成分。

表面張力是什麼呢？

在我們日常生活的經驗中，液體和固體的不同是在於液體沒有堅硬的表面，但為何液體會有表面張力的存在呢？

構成物質的分子彼此之間有引力相互吸引。固體狀態時，分子們是在近距離的狀態下互相強力吸引，但如果溫度提高或是外部壓力降低，造成固體變成液體狀態，則分子彼此間的距離會變遠，分子間的引力會減少。儘管在液體狀態時會比固體狀態時還要小，分子之間仍然存在著引力，因此若要切斷分子之間的引力，必須從外部給予能量才行。

特別是水分子之間的引力非常大，因此水表層的分子群會受到內部分子群的引力影響，而往內部靠攏，形成圓形的表層模樣。因此，如果我們滴一滴酒精和一滴水在玻璃上，我們會觀察到水珠模樣看起來較圓，那是因為水分子間的引力較酒精分子來的大。

生活中哪些現象與水的表面張力有關呢？像是我們可以看到的水黽能夠在水面上浮動著，另外若將迴紋針放在水面，它也不會下沉，這些均與水的表面張力有關喔。

自修吵鬧：
杜利

博士，今天要做什麼呢？

是阿銀啊～今天我們要來做吹泡泡的實驗。

聽起來就很有趣，我也要做！！

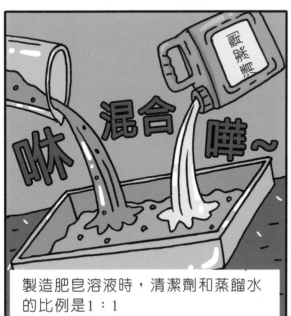

混合

啉　嘩～

製造肥皂溶液時，清潔劑和蒸餾水的比例是1：1

為了增加泡泡的黏稠性我們加入甘油，甘油的量是水的三倍。

水　甘油

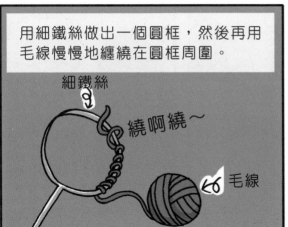

用細鐵絲做出一個圓框，然後再用毛線慢慢地纏繞在圓框周圍。

細鐵絲

繞啊繞～

毛線

繞完後，將圓框浸入溶液之中。

將圓框從溶液中拉起來！！

這次要不要試著做方形的泡泡呢？

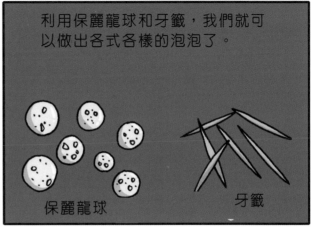

利用保麗龍球和牙籤，我們就可以做出各式各樣的泡泡了。

保麗龍球

牙籤

哇哈哈哈！！我早就先做好了！！龍形結構～

龍形泡泡～

‧‧‧‧‧

咦？怎麼做不出泡泡呢？

不能用線形的，你得用柱狀結構的才行。

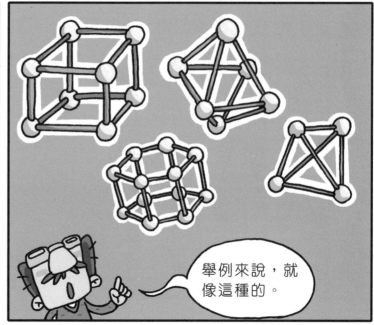

舉例來說，就像這種的。

接下來，把它浸泡在水裡就可以了～

好的！

拿起～

哇嗚～真的是方型
的泡泡屋耶！！

大功告成

那麼～我們再試
著做其他造型的
泡泡屋怎麼樣？

好！！

啊哈～
原來如此

表面張力是液體分子之間互相吸引的結果，在液體內部的分子上下左右吸引力會相互抵消，但是液體表面的分子，分子之間的吸引力沒有抵消，只會有朝內部吸引的力量在作用著。因此，液體表面的分子被液體內部吸引的力量造成液體會形成球形。吹泡泡也是一樣，不管是哪種形狀的泡泡屋框架，吹出來的泡泡一定都是圓形的。

製造優質肥皂泡泡的方法

　　吹泡泡的實驗以使用工業用起泡劑為佳，因為它的黏稠度比一般的清潔劑還要更黏稠，如此一來，泡泡就比較不容易破。

　　如何混合適量的起泡劑到水中，是很重要的關鍵。由於肥皂泡泡水在製作的時候，會受到濕度和溫度的影響，若忽視這些條件，那麼要找到最佳的混合比例是非常困難的。將甘油、廚房清潔劑、起泡劑、水，適當混合在一起，大致上就能做出不容易破的肥皂泡泡水了。如果沒有起泡劑，把水和廚房清潔劑，大約以1：1的比例去混合，雖然沒有比使用起泡劑的效果好，但還是可以吹出泡泡的喔。

水表面張力的證據

1. 水黽可以漂浮在水上。但是，如果在水中加入液態清潔劑，由於水的表面張力降低，水黽會因此而沈下去。

2. 可以在海面上進行衝浪。假設水的表面沒有張力，或者像酒精一樣表面張力過小的話，就會沈入水中。在進行衝浪時，如果是比水的表面張力小的液體，可能就必須把水上摩托車開得更快才不會沈下去。

3. 打水漂。我們在玩打水漂的時候，把平滑的小石子往水的表面丟擲，小石子雖有重量，卻會在水的表面彈跳好幾下。假設水沒有表面張力，那麼小石子碰觸到水的時候，就不會彈跳起來而會噗通直接沈進水裡。

4. 船可以漂浮在水面上。船之所以能漂浮在水面上，雖然是由於船受到水的浮力影響才浮起來的，但是，假如沒有水的表面張力，船會比較下沈或者直接沈入水裡也說不定。

液體狀態時，分子會有互相吸引的性質，尤其是水。所以當我們滴一滴水在玻璃上，水分子會互相吸引而變成圓形的。表面張力是一種用來說明液體分子間會互相吸引的特性。因此我們可以知道，光是用水無法製造出巨型泡泡。

　　如果加入液態清潔劑，水的表面張力便會減弱。不過，若是泡泡中的水在空氣中持續蒸發、消失，表面張力較小的清潔劑其量相對會增多，那麼泡泡很快就會破掉。

　　如果想製造出長時間不會破的泡泡，就必須阻止水的蒸發，因此我們可以在肥皂水中加進一些甘油。甘油和水充分混合之後，分子群之間互相吸引的力量會變大，就能夠幫助製造出更持久的泡泡。

15. 化學反應

喂，螞蟻！看我的砂糖炸彈攻擊！

美味～

砂糖

蕃茄沾著砂糖一塊吃，真是人間美味啊！

大口咀嚼～

涼風吹～

對了～

我要再去買一些蕃茄回來。

老闆娘，我要買蕃茄～

呵哈哈哈，這夠我吃到肚子爆開吧！

咦？

 ## 化學反應的速率

　　化學反應是指某物質轉化為和自身完全不同性質的物質的反應。如果想要發生化學反應，反應的物質之間要先以很快的速率衝撞。此時若將溫度升高，衝撞速率會更快，轉化為其他物質的速率也會變得更快。

　　還有其他的方法可以讓化學反應更快發生，例如可將反應物分割成小塊，會比大塊的時候更容易發生更多的衝撞。吃感冒藥的時候，為了使藥效變得更快，吃藥粉會比吃藥丸更容易在我們身體裡面反應。這種化學反應的快慢會因為不同的反應條件，而有不同的反應速率產生。

 ## 影響化學反應速率的因素？

　　在調節化學反應速率時，會因為各種因素的不同而有所影響。改變濃度或溫度，或者改變物質的表面積，都可以調節反應的速率。另外，若使用催化劑也會有所影響。

　　氧氣在空氣中約占20%，如果在這樣的空氣中點香，只會燒出一點小亮光，但如果用濃度100%的氧氣就會燒得很亮。

　　還有，為了要長時間保存食物而降低溫度，這也是在調節反應的速率。想一想我們日常所使用的冰箱，就能明白此原理。

自己本身不改變，卻能使化學反應的速率改變，這就是催化劑。催化劑即使是在較低的溫度和較少的能量下，也具有能夠使反應加速發生的特性。

鐵會著火嗎？

鐵其實也會著火燃燒，各位知道嗎？

雖然在平常時無法觀察到砂糖和麵粉燃燒的現象，但是砂糖和麵粉以高濃度的微細粉末飄散於空氣中的時候就容易燒起來，鐵也是一樣。

鐵如果被抽拉製成鋼絲絨，像棉絮一樣輕的時候，對它點火看看，不但會一閃一閃地發出劈哩啪啦聲，還會著火。甚至將研磨成十分微細的鐵粉，灑在充滿氧氣的空間，鐵也會著火並且一閃一閃的發亮。物質之所以會著火或燃燒，都是物質和氧氣快速結合的現象，如果將物質做成微細的粉狀，因為物質和氧氣結合的面積增加，可以增加反應速率。物質和氧氣結合的反應慢慢地發生的時候，鐵會發生像生鏽這類的反應，但是快速發生的時候，會產生光和熱這類的燃燒反應。

哎…鐵竟然也燃燒了。

鋼鐵

鋼絲絨

啊　好燙～

教學實驗室　　麵粉和砂糖的燃燒

又來到實驗的時間囉～

今天要做的實驗主題是「細砂糖粉如何發生燃燒反應」！

如果砂糖燃燒的話，大概會熔化吧！！

想知道會變怎樣，就快做看看，不就知道了？

又在命令人了

砂糖

把砂糖磨成糖粉，然後～

啪啪啪啪～

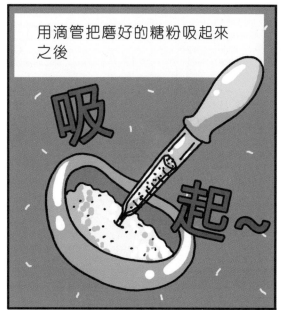

用滴管把磨好的糖粉吸起來之後

吸

起～

點燃燭火，然後噴灑滴管裡的糖粉！

不要被嚇到哦～

轟啊～

噴灑～

如圖所示，將帶有橡膠管的漏斗往懸掛環形夾的支架插入。
然後將糖粉輕輕的裝進漏斗後，點燃在它旁邊的燭火。

通常要觀察麵粉或砂糖燃燒的情況是很不容易的，換句話說，就是麵粉或砂糖都是不太會燃燒的物質。即使是不可燃的物質，如果加大和空氣接觸的面積，也會快速氧化，也就是可以燃燒。燃燒是因為可燃物質在空氣中和氧氣快速接觸的現象，若把物質做成細粉狀，則因和氧氣接觸的面積變大，燃燒反應會更激烈地發生。無論在煤炭礦坑或是麵粉工廠，即使是小小的火源，也會發生像麵粉爆炸的事件，稱之為「塵爆」就是因為這個原因。

 ## 麵粉含有爆炸成分嗎？

因為麵粉是由小麥研磨而成，所以麵粉的成分都是小麥裡含有的成分。小麥是利用空氣中的二氧化碳和水經光合作用產生的碳水化合物，是由許多個葡萄糖聚合在一起的澱粉型態。而且因為小麥利用根部吸收的含氮無機物而形成蛋白質，所以麵粉裡也含有蛋白質。蕃薯和馬鈴薯內都含有許多澱粉，澱粉是人類活動時必要且重要的能量來源，蛋白質則是構成人體組織的基本成分。換句話說，在麵粉裡完全不包含會爆炸的成分。

 ## 玉米粉炸藥模仿事件

數年前，在韓國蔚山港附近的一家飼料工廠儲藏庫發生爆炸事故，3mm厚的鋼板破裂，而且5～7層樓高的儲藏室外牆也全都破損，連在距離3公里遠的地方也聽得見爆炸聲，是個非常嚴重的大爆炸。消防單位斷定這場爆炸原因是玉米粉所造成的粉塵爆炸，爆炸的穀物倉庫有飄來飄去的微細玉米粉，爆出火星的同時爆炸就發生了。無論是玉米粉、麵粉，或是水泥粉，只要細密散布的條件成立就可能爆炸，所造成的威力不亞於炸藥！

用鐵粉開汽車？

在現今的高油價時代，要是能以少量的燃料開動汽車的話，將會是令人感到興奮的好消息。所以現在已經有針對柴油車販賣生質柴油，它是一種利用廢棄食用油與柴油一起混合加工製成的環保生質燃料。在美國的一個實驗室，則是發明了利用鐵、鋁、硼素當作汽車燃料的方法。使用金屬當燃料，也許聽起來很奇怪，但是微細的鐵粉抽拉製成的鋼絲絨確實是可以點火燃燒，非常精細研磨的鐵粉如果掉落在純氧中也可以引發火苗。換句話說，在日常生活中，不太會燃燒的物質製作成細小的粒子後如果和氧氣接觸的面積擴大，還是可以點火燃燒起來。用金屬粉末可以代替石油來開動汽車，這已成為世人注目的焦點，但是，金屬粉末必須要再降低自燃的溫度，才能被使用於現在的汽車引擎裡，所以背後還有許多的問題待解決。儘管如此，在石油資源日益枯竭的今日，聽到可以完全不排出二氧化碳的汽車燃料，對我們而言確實是個好消息。

電影中的科學

馬蓋先

如果看〈馬蓋仙〉之類的影集會發現到，主角幾乎總是能不顧一切，在危機的瞬間將一些平凡無奇的東西化腐朽為神奇，進而化險為夷，並解決問題。

在我們日常生活周遭的物質中，有些看似平凡的物品，只要在特別的條件下，甚至還可以變成爆裂物。假設今天必須製造炸藥才能從綁架犯的手中脫逃，那麼該使用什麼才好呢？

我馬蓋先能化平凡為神奇喔！！

教科書裡的瘋狂實驗

漫畫科學

物理、生物、地球科學、化學

全書彩色印製 | 每冊300元

教科書 跟你想的不一樣

瘋狂實驗配合連環漫畫，顛覆你的想像！

　　以漫畫呈現與課堂教材相呼應的科學實驗，激發對科學的好奇心、培養豐富的想像力，本書將引領孩子化身小小實驗家，窺探科學的無限可能。生活處處為科學，瘋狂實驗到底有多好玩？趕快一同前往「教學實驗室」吧！

　　從科學原理出發，詼諧漫畫手法勾勒出看似瘋狂卻有原理可循的科學實驗，這是一套適合師生課堂腦力激盪、親子共同動手做的有趣科普叢書，邀您一同體驗科學世界的驚奇與奧秘！

經典永恆・名著常在

五十週年的獻禮——經典名著文庫

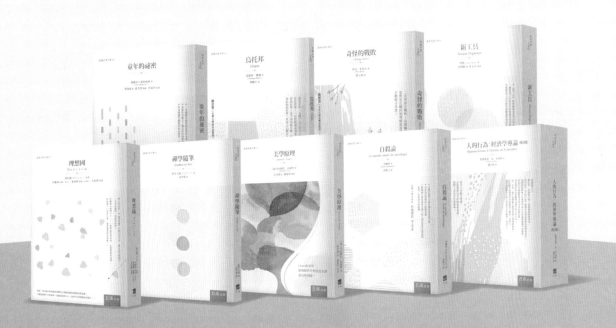

五南，五十年了，半個世紀，人生旅程的一大半，走過來了。

思索著，邁向百年的未來歷程，能為知識界、文化學術界作些什麼？

在速食文化的生態下，有什麼值得讓人雋永品味的？

歷代經典・當今名著，經過時間的洗禮，千錘百鍊，流傳至今，光芒耀人；

不僅使我們能領悟前人的智慧，同時也增深加廣我們思考的深度與視野。

我們決心投入巨資，有計畫的系統梳選，成立「經典名著文庫」，

希望收入古今中外思想性的、充滿睿智與獨見的經典、名著。

這是一項理想性的、永續性的巨大出版工程。

不在意讀者的眾寡，只考慮它的學術價值，力求完整展現先哲思想的軌跡；

為知識界開啟一片智慧之窗，營造一座百花綻放的世界文明公園，

任君遨遊、取菁吸蜜、嘉惠學子！